調色的基礎入門課

本書同時為學生和專業人士所寫，逐步引導讀者了解從音樂影片、商業廣告到完整電影等，各種不同規模專案的調色基礎。

在這本簡明、實用且適用於不同平台軟體的指南書中，查爾斯 · 海因（Charles Haine）向讀者介紹了調色和顏色修正的技術和藝術層面。並在「技術」章節（例如顏色匹配、母版製作和壓縮等）以及「藝術」章節（例如對比度／親和力、審美趨勢和制定色彩計劃等）之間取得平衡。本書還包括了更多以「業務面」為主的章節，詳細介紹與客戶合作、管理團隊，與 VFX（Visual effects、視覺效果）團隊合作，以及建立調色公司業務的最佳實踐和專家建議等。本書隨附的電子資源檔案連結，可供下載影片素材和專案檔案，協助讀者完成本書的各項練習和範例。

本書可說是為了立志成為調色師，以及希望能夠熟悉調色流程的剪接師、攝影師和導演們，提供了一本非常完美的入門指南。

本書作者查爾斯 · 海因（CHARLES HAINE）是一位電影製作者兼創業者。自 1999 年以來，一直從事電影行業，自 2008 年開始，也持續教授調色課程。同年，他成立了製作公司 Dirty Robber，並在電影、短片和商業廣告中取得成功。他經手過的作品包括「我的另類羅曼史」（*My Chemical Romance*）和「發脾氣的菲茲」（*Fitz and The Tantrums*）等樂團的音樂影片，BMW、福特、麥當勞、雪佛蘭和 ESPN 等企業品牌的商業廣告影片，以及其他無數的短片和長片，包括萊斯利 · 利伯曼（Leslie Libman）的電視電影《斷線》（*DisCONNECTED*）和亞當 · 巴拉 · 盧（Adam Bhala Lough）的《流浪樂手的冷酷異境》（*Hot Sugar's Cold World*）。海因目前是紐約市立大學布魯克林學院菲爾斯坦（Feirstein）電影研究所的助理教授，也曾擔任過洛杉磯城市學院的副教授。除了由羅德里奇公司（Routledge）所出版的另一本《電影製作者的商業和企業家精神》（*Business and Entrepreneurship for Filmmakers*）之外，海因還是《城市自行車手手冊》（*The Urban Cyclist's Handbook*）一書的作者。他目前擔任 NoFilmSchool.com 的技術編輯。

第一次學
影片調色調光
就上手

Title: Color Grading 101
Getting Started Color Grading for Editors, Cinematographers, Directors, and Aspiring Colorists, 1st Edition
ISBN: 9780367140052
Author: Charles Haine

Authorized translation from the English language edition published by Routledge, a member of the Taylor & Francis Group, LLC.

目錄

本書簡介：「為何我的影片看起來不如別人的影片？」 VII

概述：到底什麼是「調色」？ IX

技術 1 **硬體、軟體、監看** **1**

藝術 1 **以故事為導引** **16**

測驗 1 27

技術 2 **編解碼器和通道** **28**

藝術 2 **色彩計畫** **43**

測驗 2 53

練習 1 53

技術 3 **一級調色基礎** **54**

藝術 3 **加色基礎** **65**

測驗 3 71

練習 2 72

技術 4 **配色** **73**

藝術 4 **歷史和類型** **80**

測驗 4 93

練習 3 93

技術 5 **曲線、形狀與去背** **94**

藝術 5 **保護膚色** **106**

	測驗 5	122
	練習 4	122
技術 6	**追蹤和關鍵影格**	**123**
藝術 6	**客戶和決策**	**128**
	測驗 6	136
	練習 5	137
技術 7	**插件、雜訊修正與重處理**	**138**
藝術 7	**商業廣告**	**148**
	測驗 7	154
	練習 6	154
技術 8	**遮罩、ALPHA 通道、合成與清除**	**155**
藝術 8	**音樂影片**	**161**
	測驗 8	165
	練習 7	165
技術 9	**LUTS 與變形**	**166**
藝術 9	**建立描述檔**	**175**
	測驗 9	179
	練習 8	179
技術 10	**現場工作流程、調色台、現場工作人員以及線上確認**	**180**
藝術 10	**建立事業**	**193**
	測驗 10	199
	練習 9	200
	結論	201

本書簡介

「為何我的影片看起來不如別人的影片？」

許多電影製作人在磨練自己的技巧時，經常產生這樣的疑問。建立影像牽涉到的因素相當多（包括攝影機和攝影機鏡頭的選擇、照明和曝光決策、取景、攝影機如何放置、機位調整，以及神秘的元素「才華」等），然而影響影像外觀風格的最大因素之一，便是通常稱之為「調色」（color grading）的過程。

「調色」有時也會被稱為「色彩調整」或「色彩修正」（雖然有時你可能會看到描述這些名詞彼此差異的觀點，但並沒有普遍認同的說法，而且在大多數的情況下，這些名詞還可能會被相互混用），亦即我們有意識地操作影像的過程，並希望讓影片看起來像你所想要的外觀風格。

儘管許多人異想天開地期待攝影機可以拍出「恰到好處」的影片，但是從影片媒體誕生以來，對影像進行「必要」的處理，一直是電影製作裡的重要過程，很可能在未來也仍會持續一段很長的時間。由於並沒有一種神奇的攝影機，可以正確猜到你希望在各種情況下的畫面外觀如何，因此，我們必須對影像進行後製處理，以便正確敘述自己的故事。

顏色、光線、線條、形狀、空間等，都會對觀眾在體驗故事時，產生強烈的影響，因此我們必須有意識的計劃如何使用這些元素。拍攝前進行的規劃越多，拍攝時就會越仔細，在後續的調色過程中，便有機會為影片帶來更多的靈活性和創造力。

這本書的目的不光是針對有抱負的調色師所寫（雖然我真的希望那些夢想以調色為事業的人，可以在此找到最佳的入門指南，而且本書裡也有相當多的內容是直接寫給這些人看的），同時也是給導演、製片、剪輯師，甚至編劇來閱讀，以協助他們了解在調色過程裡所發生的情況，以及如何在腳本階段就正確籌劃電影內容的設計。寫作此書本意在於你很可能在不經意的情況下，進入了調色行業，因為即使是一些有抱負的導演或製作人，也會發現他們很喜歡這門學問，並希望能夠從事這個行業，因此，本書提供各位關於這項行業的最完整概述。如果你並不打算自己學習這項技術，那麼閱讀本書的過程中，也可讓你成為這些「未來調色師」們的明智客戶。

在本書的閱讀過程中，無論你使用的是像 DaVinci Resolve、Baselight、Lustre、Pablo、Scratch 這類專業調色軟體，或是像 Nucoda 或帶有部分調色工具（如 Premiere、Avid

Media Composer、甚至 Final Cut X）的剪輯軟體，以及「我不敢相信它仍然存在」的 Final Cut 7 等。我們都會盡量保持使用平台和軟體的客觀性，專注於在任何平台工作時，都能為你提供服務的關鍵原則。本書所使用的範例，來自業界最普遍使用的調色軟體 Blackmagic DaVinci Resolve（除非另有說明），因為這套軟體有免費的版本，也因為這套軟體的付費版價格讓用戶較能負擔。Blackmagic 為 Resolve 提供了很棒的說明手冊，以及一系列免費的教學手冊，可以協助你熟悉使用介面。然而這並非本書的目的，我們更希望關注在調色的基礎概念，而非精通軟體。把重點放在基本原則上，你便可以帶著這些原則，周遊在各種軟體、行業和客戶，以及不同平台之間的變化。

本書分為「技術」和「藝術」兩種章節：「技術」專注於「如何」（how），「藝術」專注於「為什麼」（why）。你需要對影像的外觀風格，以及如何完成影像有一定的了解，才能充分利用調色所學習到的經驗。這些章節會成對設計，並作為在一季或一學期的調色課程中，所進行的每週閱讀作業。每對章節之後也會附上測驗問題，協助你了解自己對該章的學習成果。

讀完本書後，我希望你能具備對自己的專案進行色彩修正的能力，並成為與其他調色師一起進行調色處理時的一位更好、更細緻的客戶。若你願意的話，也可就此踏上成為調色師的道路。

影像註釋說明：本書參考影像均來自各家電影媒體，其中也包括作者執行過的各項專案。

練習素材檔下載

進入下載網址：http://www.routledge.com/9780367140052，點擊左下方「Support Material」選項，進入頁面後，點擊「Color Grading Footage (ZIP 16.3GB)」下載即可。若遇網站調整而連結失敗時，請至 http://www.routledge.com 網站搜尋 Color Grading 101，在搜尋結果中點擊本書圖像，即可連結到本書網頁。

概述

到底什麼是「調色」？

寫作的時候，必須進行編輯；錄音的時候，必須進行混音；雕刻木頭時，則需要經過打磨的步驟。也就是說，人類進行的每項創意過程，幾乎都需要一個原材料步驟和一個最後的「整理步驟」。就製作動態影像而言，原材料步驟是在場景中進行，藉由美術部門、攝影部門、演員、鏡頭和攝影機的設置來共同協作，擷取原始影像。而在後製剪輯過程結束時，這些影片還需要進行「調色」的動作，以便選擇性的突出和集中影像中的注意力，以適當的情感衝擊來打動觀眾。

對於剛開始進入電影行業工作的人來説，可能經常會認真思考「為什麼攝影機不能一拍就好看？」的問題。事實上，在消費領域打滾的公司，已經非常、非常的努力實現此一目標。例如在各種不同的照明情況下，你發布到社群媒體上的手機拍攝影片，看起來確實已經相當「不錯」，而且你也無須花大量時間進行調色。有些軟體甚至還有「濾鏡」，可以用來修飾影片的外觀風格（不過這些濾鏡似乎也已經被用過頭了）。你從手機攝影鏡頭所獲得的影像，已經「夠好」到可以在網路上共享，並且足以反映出拍攝當下的感覺。

不過，這類影像風格往往太過普遍，而且無法一體適用於所有情況。如果你曾經嘗試過在低光源環境下拍攝，讓影片看起來顆粒太粗或塗抹太嚴重時，那就是遇到手機試圖讓「一切看起來還不錯」的攝影鏡頭局限。

不同電影工作者所認為的「好看」與否，存在著太多的差異，而且不同的專案也可能有各自不同的創作目的。對任何攝影機甚至是價值 100,000 美元的專業數位電影攝影機而言，都無法在不進行後製調整的情況下，就能讓畫面變得「好看」，而且最重要的是影片本身可能有不同需求。例如，有時雖然你在拍攝披薩，但卻是為了減肥廣告的拍攝，必須讓披薩看起來跟 PizzaHut 的廣告有所區別，亦即影像本身的「目標」有所不同。因此為了實現這個目標，影像本身也應該有所區別。面對上方例圖（下頁）的「美味」披薩，我們將影像調暖並增添一些色彩，而針對下方例圖（下頁）的「減肥」披薩，則把它調得更綠且讓飽和度降低。也就是對相同的來源影片的這些細微調整，讓觀眾的情感反應完全不同。

Gallery
LUTs
Media Pool
Timeline
Untitled Project
Timeline 1
Clips
Nodes
OpenFX
Lightbox
01:00:00:00
Color Wheels
Primaries Wheels
Lift
Gamma
Gain
Offset
Window
Linear
Circle
Polygon
Curve
Gradient
Delete
Transform
Softness
Scopes
Vectorscope
DaVinci Resolve 15
Media
Edit
Fusion
Color
Fairlight
Deliver

Gallery
LUTs
Media Pool
Timeline
Untitled Project
Timeline 1
Clips
Nodes
OpenFX
Lightbox
01:00:00:00
Color Wheels
Primaries Wheels
Lift
Gamma
Gain
Offset
Window
Linear
Circle
Polygon
Curve
Gradient
Delete
Transform
Softness
Scopes
Vectorscope
DaVinci Resolve 15
Media
Edit
Fusion
Color
Fairlight
Deliver

這種透過一段又一段的影片對影像進行操控的方式，對於講述故事的過程來說非常重要，而且從電影問世開始，便一直是製作流程的一部分。從傳統上來看，拍攝影片後處理影像的過程，在技術上是相當複雜的操作，必須與花了幾十年學習光化學作用（photochemical）來處理影像的技術專家合作。不過就像許多行業一樣，數位技術已經大量介入這個行業。現在有許多免費軟體和價格實惠的插件，都以功能強大的調色工具，讓從事電影工作的人員方便使用。

在本書中，我們會經常談論到「調色師」與「客戶」。這種情況下的調色師是按下按鈕的人，具有移動旋鈕來操控影像所需的技術專長，客戶則是敲定視覺最終結果，並在視覺完成時簽字認可的人。你的「客戶」可能是導演、電影攝影師、製片，甚至是廣告代理商的創意人員。誰對此專案有所看法，並在執行的漫長過程裡確保專案達到其所設定的目標，誰就可以在調色流程裡擔任「客戶」的角色。在某些小型創作專案裡，從頭到尾都只有一個人，因此讓調色師可以按照喜好，對自己的作品進行調色，但這算例外狀況，並不常見。

就像沒有一體適用的「導演／DP（Director of Photography、攝影指導）」關係一樣，當然也沒有通用的「導演／調色師」或「客戶／調色師」之間的固定作法。有些客戶會願意承認「我不懂顏色，一切由你決定，讓它看起來不錯即可」，然後把一切留給調色師，其他人則多半都會提出非常詳細的工作目標和計劃。

傳統上的「調色流程」發生在後製剪輯過程結束之後。亦即在幾天或幾週的時間內拍完影片，然後花幾週或幾個月的時間進行剪輯，最後只留短短幾天時間用來調色。

這是因為過去的調色是由必要的「高價」實體設備來進行。尤其在比類比影片更早的時期裡，這些藉由顯影時間來形成色彩的膠片，在色彩修正之前必須先切開底片，這當然是一種破壞性的過程，無法逆轉。因此在經過艱苦的日常剪輯工作安排後，顏色和亮度的決定，當然就被盡可能延後，以避免太過頻繁接觸這些細膩的原始膠片。而隨著電影向數位視訊影片的發展，電影藝術家獲得了更多的靈活性。然而他們在電影製作過程中，仍然必須面臨技術和財務上的種種限制。

1990 年代最早的整套「高畫質」設備，可能要花上將近一百萬美元，而就算到了 2000 年代中期，這些設備隨便也要幾十萬美元。因此製片廠必須以每「小時」計價的高昂收費來回收投資。跟「頂級」調色師在全套設備中一起工作的價格，也從每小時 500 美元到 1750 美元不等，因此片商會盡可能縮短調色流程以節省資金。所以經驗豐富的客戶，會在調色之前預作大量的準備工作，以充分利用他們所能負擔得起的有限時間。

當調色設備的硬體價格快速下滑後，便為影片調色流程帶來了更高的靈活度。過去需要幾十萬美元的硬體設備，現在可以用 4000 美元的筆記型電腦，加上同樣 4000 美元左右的調色專用顯示器，以及 2000 美元的其他配備，進行調色工作。當然，這絕非最理想的設置，你還可以多花幾萬美元，獲得整體速度和功能上的提升。但這樣的器材確實可以進行調色，只要多花點耐心克服一些限制，一樣可以藉由這些低價設備，獲得專業的效果。由於目前的設備價格只有以前的 1 ／ 10 或更少，因此客戶願意花更多時間在影像調色公司裡，或甚至會在自己家中建立調色工作站。當然只透過這些設備來達成完整功能並不容易，大多數全職調色師或後製公司，都不得不投入更多資金，以獲得功能更強大、運行速度更快、問題更少的系統。不過這種作法確實可行，如果你正在開發獨立電影，可能就會發現這種解決方案，更能符合你的需求。

因此業界也逐漸出現了各式各樣的全新工作流程，造成在過去幾十年間，調色和色彩管理流程逐漸融入後製、甚至拍攝現場的各個階段裡。這種新流程從 DIT（Digital Imaging Technician、數位成像師）開始，在拍片現場為客戶預覽時進行初始顏色處理，逐步處理影像的顏色，讓團隊中每個成員都可以看到即時調色成果。儘管剪輯人員長期以來一直在非線性剪輯平台中，使用基本的三向調色工具，但他們通常會保留最基本的「顏色匹配」（matching）功能，以方便因應影片需要「裁切」的情況，然後才交給最後的調色環節。現在多數的剪輯師都會透過「離線」（offline）剪輯，對整體色彩進行互動，並自行調色或與調色團隊進行交流。

最好的選擇便是永遠「提早規劃」影像呈現的最後樣貌，並在可能的情況下，即使只是在前期拍攝和測試階段，也要與主調色師合作，以確保你能夠實現自己想像中的影片外觀風格。在大型實況演出轉播時，「首席調色師」（lead colorist）、「調色指導」（supervising colorist）或「調色製片」（color producer）等人，會與 DIT 人員或「前期調色師」（dailies colorist）合作，以確保在現場拍攝的影片可以「接近」所需的影像風格，這也已經是很普遍的作法了。導演、剪接師、製片和其他客戶，可以直接觀看現場實況轉播的素材，無論是在現場或在整個剪輯過程中，這些素材的效果都能更為接近影片規劃的最終樣貌。因此目前在剪輯過程中直接讓調色師參與剪輯，以確保剪輯師的某些即時決策奏效的情況，已是業界相當常見的作法。

舉另一種例子來說，有時為了劇情之故，剪輯人員希望將拍攝為「白天」的場景，設定成「夜晚」（這種情況在後製過程裡經常發生）。為了測試放映的效果，或甚至是在給導演過目之前先在剪輯室中確認可行性，剪輯師經常需要在剪輯過程中對影片進行初步調色，以確保新影片可用且不需重拍。儘管剪輯師可能已經具備了一些「調色」技巧，但實際聘請完成影片所需的調色師，才是確保影片能與其他片段相互匹配的最佳方法。在以下的範例（下頁）畫面中，呈現出來的是一個非常快速簡單的「粗略」調色，以便因應萬一客戶提出「如果想要變更場景，這些影片可以變成夜晚而非白天嗎？」的問題。像這類轉換調整在剪輯室中相當常見，目的便是在確保補拍鏡頭（在剪輯完成後補拍的影片）能與原始素材相互匹配。

如果影片涉及到 VFX 視覺效果，通常也需要在流程早期就讓調色師參與。傳統做法是盡可能處理「效果最少」的影片片段，並提供參考 LUT（Look Up Table、顏色查找表）來協助 VFX 人員預覽最終輸出的影片外觀，但仍可保留原始的拍攝數據。然而在工作期較短、預算較低的小型專案中，我們越來越常遇到在轉交外部效果公司製作效果之前，必須先行「簡略調色」，以確保整個過程裡盡量無縫銜接的情況。舉例來說，如果一部影片打算具有深黑的濃厚調色，VFX 人員便會希望在流程早期就能知道，並看到影片最後的大致外觀樣貌，因為他們可以利用這些暗部畫面來隱藏合成素材的接縫痕跡。從另一方面來看，如果影片想要的是調性較為平整、古典、懷舊的氛圍時，早點看到畫面的色調感覺，便可協助效果團隊依「美學觀感」來調整作品。

即使要在影片裡呈現「顏色深沉」的外觀時，也應該養成提供最乾淨平實、影響最小的影片片段版本給 VFX 人員的好習慣，因為他們一定可以從這個版本以及「最終調色」版本裡，得到製作影片時的有用訊息。跟 VFX 人員一起合作，就跟行業裡所有領域的人員協同配合一樣，都需要盡可能提早進行「前製作業」的溝通。最好的方式是「不要假設」他們想要什麼，而是開口問他們要什麼。我曾經不只一次聽到過效果團隊成功完成了他們被交付的任務，也製作出看起來相當不錯的內容，但卻在最終調色的流程時，才出現糟糕的「色調無法匹配」的情況，使效果產生的幻覺破滅，而需要大幅度的重新修改。習慣於某種工作方式的特效團隊，與習慣另一種工作方式的調色或剪輯團隊之間，幾乎總是會產生衝突。如果他們彼此能夠越早進行徹底的討論，就越容易避免發生這類狀況。

一旦效果、影片和剪輯都已固定下來時，我們仍需進行最後的一級調色會議，以確保盡可能完美打造作品中的每個時刻。理想狀況下，這個會議至少要有一名調色師，而在「客戶端」則由導演和攝影指導參與，以確保能解決客戶所有的色彩要求。

即使硬體成本已經降低，但調色的過程仍然傾向於壓縮時間，因為調色需要將整個團隊聚集在同一個房間裡，而這在緊湊的後製流程裡可能相當困難。儘管剪輯技巧和 VFX 不斷發展，甚至還包括了越來越多的「遠端」監控能力，但個別螢幕的差異性，仍會讓顏色的討論非常難以一致。也就是說，最好的選擇便是將整個團隊聚集在同一台螢幕前，討論相同的影像色彩，以便正確完成、評估色彩，並作為一個小組來「一同認可」調色的結果。

因此最終的調色會議，通常可以當作漫長影片專案的一個愉快的句點。因為在後製作業期間，團隊成員可能沒有什麼機會聚在一起，並且是以最佳的色彩外觀樣貌觀看影片最後的成果。前製作業裡沒有達到完美的畫面，也可以趁此機會加以潤飾，直到它們達到電影製作者的目標為止，如此通常會讓那些擔心某些影片段落是否可行的電影製作者鬆一口氣。當音軌混入並進行最後的看片時，對於所有相關人員來說，都將會是一場真正的神奇體驗。

技術

1

硬體、軟體、監看

喬治・盧卡斯（George Lucas）的電影大獲成功，《星際大戰》（*Star Wars*）在全球各地電影院同時上映。在這種商業模式的嶄新變化下，各地影院得以同時放映這部電影，而非以前院線片的發行模式（亦即在整個市場上依熱映程度逐步推廣）。這也使得導演即使在同一天晚上，也可到多家戲院一家一家觀看電影。盧卡斯本人是技術愛好者，他注意到每家戲院裡的影像看起來都有所不同。有些放映機用的是全新的燈泡且正確設定了亮度與色彩平衡（通常是由訓練有素的工會投影師所設），影像的效果就像在剪輯室裡看到的一樣。但有些戲院的放映機可能並未好好維護，因此在色調上會有明顯差異，由於老化的燈泡會導致影像的亮度或色彩平衡不正確，因此讓這位失望的電影製作者，產生想為觀眾創造「一致性」體驗的願望。

如果你的影片在家裡看起來比不上在剪輯室裡的影片感受，或是你的影片在表哥的 PC 上看起來跟你在家裡的 Mac 看起來不一樣時，你應該就能了解盧卡斯的痛苦。跟任何電影製作者一樣，這種矛盾快把他逼瘋了，因此他跟工程師合作，共同制定了戲院的 THX 認證標準，以確保你要去的任何一家戲院，看起來都能與其他戲院一樣。放映師不再自行設置亮度、顏色和音量，這些設定都將與導演在後製時的設定標準完全符合。如果在電影開頭看到 THX 圖示並聽到其標誌性的雜音時，便可確定電影看起來是正確的，不會更亮、色彩過濃或音量過大，一切按照設定，而且與其他 THX 認證戲院有相同的標準。

不幸的是，現代的網路和串流影片並沒有類似的標準。目前雖然有高畫質影片的標準（Rec.709），但電視製造商並未確實遵行，而網路影片世界尤其混亂。電視有許多即將問世的標準，例如 Rec.2020 和杜比視界（Dolby Vision），但這些內容僅適用於電視。無論如何，我們所建立的許多影片內容，都是在電腦、平板電腦和手機上使用。大家可能注意到在 Vimeo、YouTube、Mac、PC、手機和電視上觀看影片時，它們的顯示效果均有所不同。甚至用不同的播放程式或在不同的智慧電視上，相同內容的呈現也會有所差異。即使在同一個串流平台上，當流量品質不同時，也會有些微的色偏。

就算是高價的電視品牌，在不同台電視之間觀看到的影像也會不一樣，這也為整個行業帶來重大挫敗感受。而影像看起來唯一「正確」的地方，便是在經過校色的「廣播級」顯示器上，或是在顏色標準統一的戲院裡。你甚至無法藉由「修改」來嘗試符合觀眾的螢幕（例如當你覺得 Vimeo 讓你的影片變亮了，因此修改讓上傳到 Vimeo 的影片變暗），因為當你讓影片變暗時（例如覺得 iPhone 6S 觀看 Vimeo 影片的效果更好），在 iPhone 8 上看起來的效果可能就沒那麼好，如果要讓影片在 iPhone 8 上看起來更好，也可能在 PC 筆電上觀看 Vimeo 影片時，變得更糟。數位平台幾乎沒有一致性的作法，可以合理地為每個平台建立單獨的輸出規格，即使願意如此，平台也實在太多了，修改下來可能需要製作幾十個甚至幾百個版本的影片，最後你一定會瘋掉。雖然這一切令人沮喪，不過在目前環境下，你只要讓影片能在廣播級顯示器上看起來不錯即可，剩下的就隨它去吧。

在不算太久前的 1990 年代時，調色工作間裡都還普遍設置著精美的「調色用」廣播級顯示器和低階的「消費者」顯示器，因此你可以在影片作業時，預覽影片在低階顯示器上的情況。如同音樂家鮑勃·迪倫（Bob Dylan）總是在「卡車」上聽歌曲混音的結果，然後才發行歌曲，以確保它們能跟透過收音機聽到的聲音相符。然而隨著發布平台越來越多樣化，我們不太可能在調色工作室裡，準備各種 iPad、iPhone 和 Android 手機、Mac 和 PC 等，並且還用不同的位元率進行串流播放，以真正預覽影片在所有平台上呈現的影片外觀。只要隨便在任何一家電子產品商店中，停下來比較所有電視和電腦螢幕上的影像，就可以發現這些器材彼此之間的差異有多大。

如果情況真的如此，為何影片還需要調色呢？這是因為我們想讓影像在它的生命週期裡，至少有「一次」看起來好看的機會，至少在某種程度上，可以有一次讓你愉悦的看到整部影片裡的光輝時刻。此外，一些影片專家（包括筆者）會努力校準家用系統，以便能夠依預期來觀看你的作品。家用電視的品質和色彩準確性已經不斷提高，快速瀏覽一下銷售清單便會發現，有許多價格低於 1000 美元的電視效果已相當不錯。儘管許多戲院不再願意為 THX 認證付費，但戲院的放映精確度很高，尤其是一些設備較好的戲院，可以投放出非常準確的影像。

此外，即使螢幕彼此之間有極大差異，觀眾也已逐漸習慣。如果觀看影片的客戶總是在家裡過亮的電視上觀看，他們就會漸漸習慣這些看起來太亮的影片。因此，雖然就技術上而言，影片裡的「黑暗」場景在客戶的「明亮」電視上看起來太亮了，但由於他們習慣在校色不當的設備上觀看所有內容，因此對他們來說，依舊會是黑暗的場景。

從這點來看，你必須讓影片發布，並接受它永遠不可能像調色工作室裡那麼好看。不論如何，它看起來總會有所不同。一個較為「暖色」的螢幕會讓一切變得更「暖」。如果你讓某個白天場景的調色結果偏黃色，而回憶場景偏藍色時，這種區分仍然會被傳達出來，因為黃色的場景會被螢幕呈現暖色，回憶場景的藍色也一樣。亦即就算螢幕顯示的世界支離破碎，調色作業仍然值得努力。我們會在本書稍後，討論上傳影片到特定平台所能進行的「修色」，因為在某些平台上（例如為戲院調色和為電視調色等），我們已經熟知這些特定的變化。不過對於多數的影片專案而言，都不太可能有時間做這種適用各種平台的工作流程，因此主要製作的可能是 Rec.709 或 Rec.2020 的電視格式，以及包含戲院顯示格式在內的 DCP 規範格式等。

關於影片如何好看的想法，大概會跟電影工作者的數目一樣的多。有些人喜歡鮮豔、飽和的色彩；有些人則偏向於色調較冷、去飽和度的影像，亦即不同的人會有不同的品味。

每個影片專案也會有不同的需求，有些電影工作者喜歡影片有一致的外觀風格（例如本身色盲的克里斯．諾蘭，在許多電影裡都有非常藍的色調），但某些電影製作人（例如科恩兄弟），會很努力的根據每部的不同需求，製作特定的電影色調。在下面兩張分別來自《布萊德彼特之即刻毀滅》（*Burn After Reading*）和《霹靂高手》（*O Brother, Where Art Thou?*）的劇照裡，同一個導演團隊對的劇情的詮釋有不同需求，並因此而努力為這兩部電影調製出不同的外觀風格。

除了這些主觀的變化之外，攝影機製造商通常希望能夠保留更多的原始場景訊息。請想像有個人站在一個陽光明媚下午的房間裡，窗戶可能會被過曝成純白色，不過在攝影機的原始設計上，可能仍會捕捉在窗口之外的訊息，讓你在調色時能有更多選擇。

攝影機製造商努力為我們提供機會，以便在後製時有更多選擇。為了做到這點，他們必須在過程中儘早做出取捨，這通常表示必須讓攝影機拍到的影像外觀顯得較平實，盡可能保留更多影像訊息。攝影機的設計者會假設你想在最寬的亮度範圍內，記錄可用的影像訊息，也就是同時包括窗外的可用訊息以及人臉上的可用訊息。

《布萊德彼特之即刻毀滅》劇照、*Burn After Reading* (2008)

《霹靂高手》劇照、*O Brother, Where Art Thou?* (2000)

我們把攝影機可以記錄的亮度範圍定義為「寬容度」（latitude），而將亮度絕對值範圍稱為「動態範圍」。你的場景具有動態範圍，夜間在壁櫥中拍攝的場景數值範圍較窄（從暗到稍暗），夏日陽光直射下的曠野樹冠下方的場景，具有範圍較廣的數值。

拍攝影像時，我們會將拍攝設備的寬容度與被拍攝的場景動態範圍對齊。就一般情況而言，專業的電影拍攝設備，都會努力盡可能擴大拍攝影像的寬容度，亦即會犧牲原先容易獲得的「好看」外觀為代價。同時由於某些攝影機比其他攝影機具有更大的寬容度，因此這些攝影機可以捕捉更多的原始動態範圍。而在整個流程末端的顯示設備，當然也有自己的動態範圍，能夠顯示一定範圍的色調。不過長期以來，顯示器都只有非常有限的動態範圍，即使「最亮的」電視機和戲院的放映機，也不可能變得非常明亮。但是業界正在生產更明亮的「HDR」顯示器，這種顯示器可以顯示「高動態範圍」影像，不過需要更高的亮度才能實現。

為了使專業電影攝影機能捕捉最大動態範圍的影像，因此通常會犧牲影像在錄製時的外觀，以保持後製調整的靈活性。這項要求的例外便是我們所謂的「廣播級」（broadcast）攝影機。雖然「廣播級」並不一定會標示在這些機器的名稱上（Blackmagic URSA Mini Broadcast 攝影機確實是如此命名），但廣播級攝影機的目的，確實是想把即時影像直接傳遞給觀眾。廣播級攝影機在新聞和多機攝影的電視節目（如脫口秀）中，大受歡迎，其設計目的也在讓用戶看到畫面時覺得「不錯」，不過這種作法在影片品質上當然會有所犧牲。許多消費級攝影機（如 Canon 5D 系列），是專門為用戶在聖誕節打開包裝盒並拍攝精美影片而設計，因此也做出了同樣的犧牲，亦即會對影像加入一定的對比度，以拍攝出更令人愉悅的影像，犧牲了攝影機捕捉影像的寬容度。

一般而言，當你有時間進行調色時，最好避免使用廣播級和消費級攝影機，而應該使用在原始設計就假設你會在稍後進行調色的攝影機，因為這種攝影機才可以提供較廣的影像寬容度，讓你在發布影片時有更大的靈活性。

這就是「log」攝影的好處。雖然並非每次都必要（例如可拍 raw 檔的攝影機也可以），但攝影機的「log」模式，便是為了將更寬的亮度範圍擷取至較小機器中，所開發的一種系統。使用 log 模式會讓原始拍攝的影片看起來更平（如上面的分割畫面所示，左半灰色影像即為 log 檢視），但卻可以在調色上提供更大的靈活性。標準的攝影機高畫質影片格式，實際上僅設計用於大約 7 至 9 檔的寬容度，如果你想拍攝更廣的寬容度時，便可使用 log 模式攝影（前提是攝影機本身支援），這是可用方法之一，不過如果最後一樣要轉為高畫質影片格式的話，你還是只能停留在 7 到 9 檔的寬容度。然而透過 log 模式攝影，不論你想強調某個區塊、讓影片某些部分亮到過曝，或是暗遁入陰影中，都能有更多選擇的機會。

調色的硬體設備需求？

目前為止，你仍然需要投入大量資金才能擁有一套調色設備。調色是非常耗費資源的過程，因為每個影像都需透過強大計算資源的色彩引擎來處理。不過由於過去十年來電腦技術的進步，使得調色作業變得比以前容易許多。筆者目前使用 2013 年款的 Macbook Pro（15 吋 Retina 型號），便可對高畫質和 4K UHD 解析度的多部長片進行調色。雖然稱不上有多順，但還是辦得到。

讓一切變得可行的關鍵進步便是圖形處理能力或 GPU（圖形處理單元）的進展。GPU 是電腦中的硬體，用來強化電腦的顯示能力，這種專門設計的顯卡在這個世界上只有一個目的：協助你的電腦顯示。因此它具有專為處理影像而設計的架構。由於電腦遊戲的普及，需要用到越來高的解析度與刷新率，因此 GPU 市場一直在不斷發展，並且由於遊戲市場的規模龐大，所以顯卡的發展也已開始讓大多數人較能負擔得起。

對於電影和影片行業的我們來說，數位影片在某種程度上類似於電腦圖像，因此影片應用程式可以使用遊戲 GPU 中設計的相同功能，來使它們運行得更快。Adobe Creative Cloud、DaVinci Resolve 和 Avid 的某些應用程式，都會使用 GPU 功能來加速處理影像。比起其他技術上的變化而言，GPU 處理速度的躍進，也讓許多電影工作者，有機會在相對便宜的系統上進行調色。

如果想要盡可能對素材進行調色的話，那麼在選購電腦系統時，GPU 效能應該列入你的主要評估選項。這也就是為何許多電影製作者，逐漸轉向使用 PC 系統的原因。Windows 和 Linux 系統提供對 GPU 卡的廣泛支援，以及一般 PC 的開放式機箱結構，讓每年或每隔兩年更換 GPU 顯卡變得更為容易。許多 PC 或 Linux 電腦甚至可以同時安裝多張顯卡，而那些影片相關的應用程式，亦被設計成可以完全利用我們疊加上去的所有處理能力。

然而蘋果電腦正在努力跟上腳步。15 吋 Retina Macbook Pro（15 吋機種才有，13 吋並沒有）具有雙顯卡（整合晶片與獨立晶片），可以提供更強大的圖形處理能力，但要求必須只有在插座電源連結下才能發揮。因此，作為電影製作者，你唯一的 Mac 筆記型電腦選擇就是 15 吋 Retina Mackbook Pro，而且充電器要一直插著。目前 Mac Pro（桌機）本身具有兩張顯卡，iMac Pro 也具有額外的圖形處理功能。蘋果公司目前比較喜歡使用 AMD 顯卡，雖然 NVIDIA 多年來一直是針對影片工作者來說，更有明顯優勢的處理平台，但許多影片應用程式也都擴展對 AMD 的支援，這點很可能是因為蘋果公司的偏好所造成。雖然蘋果已經發布了具有更強大圖形功能的新 Mac Pro，並使用包括加速 ProRes 影片處理的專用顯示卡，但卻仍然依據 AMD 的顯示卡而構建。

就調色作業而言，請從配置優良顯卡的電腦開始。當你嘗試套用色彩效果，開啟 Resolve 軟體或進行其他影像處理時，如果遇到執行緩慢，經常出現卡頓或當機的情況，就應該考慮升級顯示卡。此外，雖然大家通常不買延長保固，但就調色工作領域而言，購買 AppleCare 似乎很值得。因為電影工作者使用電腦渲染影片時，機器的負荷相當重，根據我的調色師和攝影師朋友中觀察的心得，燒壞主機板的機率似乎更高。因此奉勸各位最好先花一筆 AppleCare 費用，以便在主機板掛掉的時候，一併更換顯卡，而非等遇到問題的時候再糾結於更換的費用。

廣播級顯示器

調色工作流程中的最基本要素便是廣播級顯示器。廣播級顯示器看起來並不會比其他顯示器「更好」：理想情況下，它看起來應該要跟任何已校準到相同標準的其他顯示器完全相同、精確、一致。它與任何其他廣播級顯示器也沒有任何不同，你應該能在具有廣播級顯示器的後製公司製作間裡，查看自己的影片。而當你把影片傳到客戶公司時，也應該在他們的辦公室待一下，用他們的廣播級顯示器觀看影片，影片看起來也應該要像在後製公司所看到的一樣。

廣播級顯示器通常是流程裡最昂貴的組件，而電影製作者經常想知道「為何我不能只用電腦螢幕進行調色？」

問題就在於電腦螢幕並無法統一，有些螢幕較亮、有些較暗；有些較暖、有些則較冷調。針對消費市場所製造的螢幕而言，不同年度生產的任何型號，都無法保持足夠一致性，即使同一年生產的螢幕，製造商也可能更換過面板供應商。因此，如果你參考在 2013 Macbook Pro 內建螢幕（而非廣播級顯示器）對專案進行調色，接著到朋友的 2013 Macbook Pro 上，看起來便可能有所不同。但如果將這兩台電腦都接上廣播級顯示器，兩者的結果便應該完全相符。

此外還會有另一個問題：亦即不同軟體以不同的方式顯示影片的情況。若你曾使用 Final Cut Pro 進行作業，然後在 QuickTime 或 VLC 播放器中打開影片檔案，看起來的結果卻又黑又亮，你就會了解這種沮喪。電腦的圖形構成和影片顯示是完全不同的技術，每當你在電腦上打開影片，都會看到操作系統再現的影片，而非實際的影片訊息。

因此，廣播級顯示器便可充當大家共同努力的公認標準。雖然所有軟體都以不同方式顯示影像，但由於廣播標準受到管制，因此所有軟體都會對此顯示器發送相同、匹配的廣播訊號。因此也能讓電腦到電腦之間或軟體到軟體之間，具有一致的觀看體驗。

那麼我們可以在沒有廣播級顯示器的情況下，進行些微的調整嗎？在某些情況下，當然可以，而且這種情況發生的頻率，可能會比你所想像的來要高。例如當你完成一項專案的調色，客戶希望某個鏡頭裡可以「使頭髮更亮」時。當你遇到這種情況，必須快速進行操作卻沒有可用的廣播級顯示器時，你可以使用軟體（和示波圖形）進行微調。但如果你對調色相當認真，想在校準過的廣播級顯示器上評估影像，確實是無法正確校準電腦的顯示。這點不僅目前的科技辦不到，在不久的將來似乎也不太可能會出現。

廣播級顯示器通常相當昂貴，最經濟實惠的選擇至少也要花上 2000 美元，而一些更高階顯示器，具有 4K、HDR 和令人難以置信的準確性（也就是超出人類視覺感知能力）則要花上 50,000 美元。雖然在 24 吋顯示器上使用 4K 的必要性值得商榷（HD 畫質在這個尺寸下就有足夠的解析度了），但對於 65 吋顯示器來說，4K 確實是不錯的功能，值得升級。

其實很多調色師和電影工作者，都會從高畫質的家用電視開始，將其校準到足以符合工作所需。然而並非所有電視都可以正確校準，有些電視無論多努力調整，都還是太偏橘、偏藍色或太暗，無法正確校準顏色。不過也有一些頗受歡迎且價格合理的電視，可以用於調色工作，例如 Panasonic Pro Plasma 系列，雖然這個系列在 2013 年便已停產，但你仍然可以找得到。還有較新的 LG OLED 顯示器，也變得越來越普遍。我經常使用這些電視進行作業，只要經過適當的設定，也是非常不錯的選擇，當然它們也可以讓你在周末休閒時，用來欣賞電影。事實上，在上一張例圖裡，前景是一台 Flanders DM250 顯示器，背景便是一台 LD C8 OLED 電視，當作大的「客戶端」顯示器。而且它們彼此距離夠近，只要放在同一個房間裡，便可以協助讓客戶與調色師之間，不會產生顏色混淆或衝突的情況。

將電腦連接到廣播級顯示器

你的廣播級顯示器具有 SDI 連接器，也可能還有 HDMI 連接器。並且預期要接上的是來自符合嚴格「影片」定義標準的攝影機或播放器所產生的影片訊號。

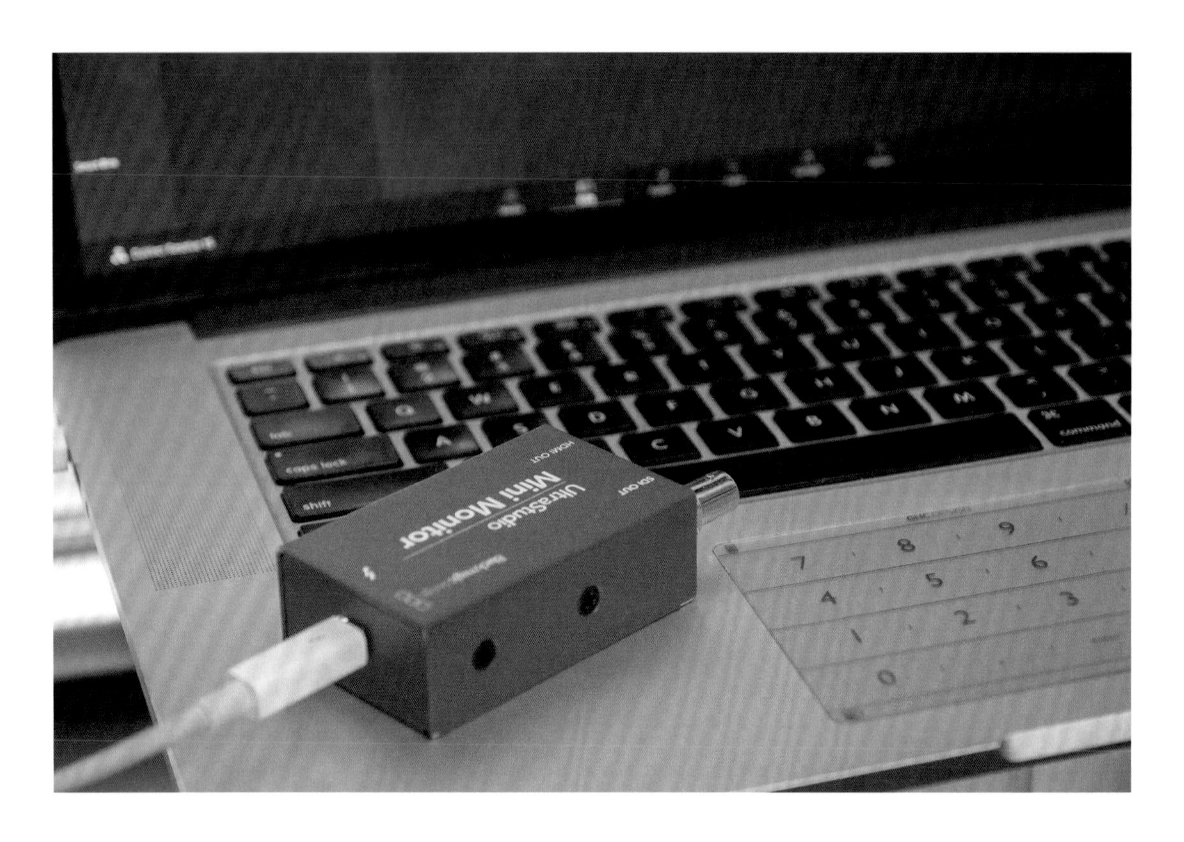

你的電腦可能也有 HDMI、DisplayPort 或 DVI 接頭，但我們並不想將電腦的 HDMI 接頭直接連結到顯示器，因為 HDMI 接頭所提供的並非我們想要的「影片」訊號。

其原因在於即使透過 HDMI 連結，你的電腦提供的也還是電腦「圖形」。因為這種 HDMI 接口的目的在延伸你的電腦桌面，而非提供正確的影片訊號。即使軟體設置為全螢幕，讓 HDMI 接口傳送全螢幕畫面，該軟體仍會將畫面作為電腦「圖形」而非「影片」來進行處理。也就是我們之前在 QuickTime 和 VLC 預覽影片時，所遇到的「圖形」問題。

為了在廣播級顯示器上看到正確的影片，流程裡的最後一部分，必須是正確的影片 I／O（輸入／輸出）解決方案。解決方式通常是一張 PCI 卡（方便桌上型電腦安裝），或是透過 Thunderbolt 連接的外部影像盒，可以讓你從電腦中擷取影片訊號，而非圖形訊號。

如果使用免費的 Blackmagic Resolve 軟體，便需使用 Blackmagic 設計的硬體（他們的公司也要賺錢吧），不過 Blackmagic 的硬體也可以與 Final Cut、Premiere 和 Avid 等軟體配合使用，以便將影片從電腦中擷取。而就其他軟體平台來說，還有由 AJA 之類的公司，建立了功能強大的硬體元件，也可提供類似的服務，不過 Resolve 並不支援這種硬體。無論你選擇何種方式，都需要有合適的影片輸出裝置，這種裝置必須可以連接到電腦，為你提供影片而非圖形輸出。長期以來，只有 SDI 被認為是可以接受的，而且除了較常利用之外，還能利用 HDMI 接頭來傳遞訊號。使用 SDI 的好處是可以運行較長的距離（例如在現場提供各部門監看之用）；一般而言，我們可以用 SDI 來獲得 50 英尺甚至 100 英尺遠的訊號，有時在適當環境下，甚至還能運作更長的距離。然而 HDMI 纜線在大約 10 英尺長的行程後，就會變得非常難以預測，一旦達到 25–30 英尺時，便需使用訊號增強器。事實上在某些較長的距離下，我們會用 HDMI 訊號，轉換為 SDI 來延伸訊號，然後再轉換回 HDMI。

校色

「校色」（Calibration）有點超出本書範圍，簡單的説，校色是用來確保顯示器「準確呈色」的過程。通常我們會用結合了專業校色軟體的校色器來執行這項操作，因為機器一定比人類視覺更準確。在顏色奇怪的燈光下（例如在螢光燈或鎢絲燈下工作時），眼睛會疲勞或者説人的視覺能力有限，會讓你的視力失真。而校色用的校色器探頭精準度很高，大多數的專業校色人員，也會定期將校色器送回工廠檢測，以確保其精確度。

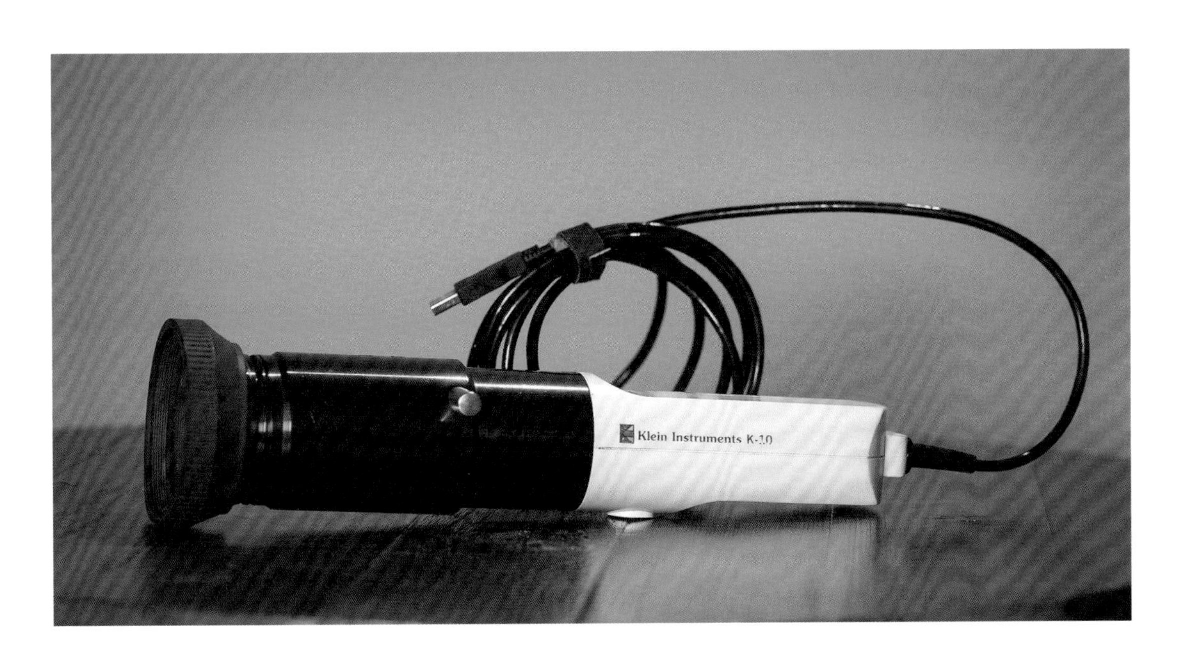

校色的流程是在螢幕上顯示一系列顏色，然後使用校色器和校色軟體讀取這些顏色，軟體便會評估來自校色器的數據。這些螢幕上的參考顏色具有精確數值，應該要以某種特定顏色顯示出來。校色器會讀取目前顯示出來的實際像素外觀，並利用校色器軟體來正確設置系統所有內建顯示選項，以盡可能接近準確的色彩。通常這樣就能讓螢幕顏色接近準確，某些顯示器甚至可以建立出非常準確的影像，在視覺上趨近完美。但就大多數螢幕而言，會建立一個 LUT（顏色查找表），讓電腦了解如何修改影片訊號，以確保螢幕上的色彩準確。這種作法需要有支援 LUT 的顯示器，或是把 LUT 盒（色彩轉換器）接在影片訊號與顯示器之間。例圖所示是一個 Teradek COLR LUT 盒，帶有用於 SDI 和 HDMI 訊號的輸入和輸出連接端子，LUT 盒便被應用在兩者中間。

依據系統與技術的不同，請人校色的工作通常要花幾百到上千美元，但其結果非常值得。大多數專業的後製公司，都會定期聘請校色團隊或在公司自行購買校色系統，以確保監控顯示的正確性。

過去像電漿電視這類較舊的顯示技術，經常出現色彩不穩定的現象，因此每個月差不多的時間就要進行校色，但目前較新的 LCD 和 OLED 技術非常穩定，比較不需要像以前一樣每個月必需重新校色。

調色要使用哪種軟體？

大多數非線性剪輯平台都內建了一定程度的調色選項。AvidMedia Composer、Final Cut X 和 Adobe Premiere 都有基本的調色工具，可以讓某些微調任務相對簡單。

然而，如果你對調色相當要求，基於以下兩點，我會建議你花時間學習專業的調色平台。

第一個原因是諸如 Resolve 或 Baselight 這類調色平台，會以更精細的方式處理你的素材，可以允許更複雜的調色選項，將影像抽離其「原始」狀態。舉例來說，許多 NLE（Non-linear edit、非線性剪輯）的處理影片都在 4：2：2 YUV 色彩空間中（少於 24 位元），而 Resolve 則將所有內容都放在 32 位元浮點色彩空間中，當你將影像推向極限時，便可為色彩提供更大的靈活性。

這種處理過程以及更精細複雜的功能，可以讓調色師的生活過得輕鬆一些。

另一個主要優點則是以色彩為主軸的應用程式，可以更積極地發展軟體以含括最新功能，而將軟體維持在最新狀態，也能為你的作業帶來好處。例如目前 Resolve 所提供的追蹤工具，便比沒用插件的非線性剪輯軟體來得更好。雖然最後這類 NLE 軟體肯定會加上新功能，但等他們追上時，Resolve 又會以其他的創新功能維持優勢。

即使對於偶爾有需求的調色作業，也值得花點時間學習正規調色應用程式的基礎知識，而非簡單地在非線性剪輯過程中編輯顏色。當然，如果工作時間吃緊的話，可以例外一下無妨。例如在 Premiere 剪輯專案後，只剩下四個小時可以調色，而且要直接上傳網路使用，最好就直接在 Premiere 進行調色，不過這對於調色師來說，可能會是件相當沮喪的事。

藝術

1

以故事為導引

你希望電影呈現什麼外觀風格？

這是你必須自問的最重要問題。有許多電影工作者（尤其是在他們的職業生涯初期），會把「外觀樣貌」與特定技術（例如「電視」外觀或「電影」外觀）聯想在一起。然而每種技術在建立最終外觀上，都有很大的靈活性。試想雜誌的情況：並沒有所謂屬於雜誌特有的標誌性「外觀」特色。某些雜誌具有乾淨的記錄式美感，其他雜誌可能追求冷調與低飽和度的外觀。電影也是如此，有色彩飽和的電影，也有低飽和度的電影，你可以讓影片曝光過度或曝光不足，抑或有些攝影鏡頭較銳利或較柔和等，因此使用特定「技術」來決定影片的外觀樣貌，通常無法具體確定你真正希望影片的外觀如何。

在調色流程開始時，請先忘掉任何「技術決定外觀」的想法，專注於關鍵問題：我（或者說我們，如果是團隊專案的話）希望這個專案看起來如何？同時，更廣泛一點的說，我希望它讓觀眾產生什麼感覺？因為「感覺」通常是由影像及其外觀樣貌所帶動。

舉例來說，從流程一開始，就應該為場景、故事順序或整個專案，建立「氛圍概念」。許多電影製作者會先從劇本或對話裡，討論出影片專屬的「情感詞語」，這就是一個很好的起點。在下面例圖中，從《遺忘內布拉斯加》（*Oblivion, Nebraska*）拍攝的 35mm 影片所擷取的畫面裡，一幅影像具有「黑暗、悲傷」的外觀，另一幅影像則具有「溫暖、快樂」的外觀。

「藍色 = 憂傷，橘色 = 快樂」是相當基本的世俗觀念，不過這點正好可以詮釋每種色調透過最後呈現的畫面，所能帶來的情緒影響。

以故事為導引

與團隊開始溝通的最佳方式，便是回歸故事本身預期的情感衝擊。如果一個故事講的是在郊區生活瀰漫的倦怠感，那麼跟講的是生活在市中心、後工業社會邊緣的癮君子愛情故事相比，便會有不同的影像感受。「故事」是如何塑造影像的主要指標，與團隊就「故事節奏」進行討論相當重要，甚至比「8k 影片 vs. 16k 影片」、「Rec.709 vs. Rec.2020 或 HDR」等討論，都來得更為重要。

不要忘記故事是有結構的，理想情況下你的影像也該如此。傳統的三幕故事結構，從 30 秒的廣告片、一直到幾小時的史詩巨作中，都會利用這種結構，其中包括故事介紹、動作或衝突上升一直到解決方案為止。許多電影製作者並不會為整個專案建立單一「外觀」，而是規劃讓影片外觀風格與故事結構同步發展，以便讓故事和影像協同發揮，建立整體的動態感受。

若你比較許多著名電影的開場和結局鏡頭，便會發現這種結構的作用：故事通常會隨著時間演變，因此你希望影像也能隨著時間變化。然而為了讓故事的感受統一，我們必須讓影像裡的元素能夠保持彼此連結。因此，電影的開場和最後畫面通常會以相互呼應的方式，讓影像彼此互補。例如雅各布 · 斯威尼（Jacob T. Sweeney）所製作的網路瘋傳熱門影片《第一幕與最後一幕》（*First and Final Frames*）中，便可看出效果。

《第一幕與最後一幕》截圖、*First and Final Frames*、Jacob T. Swinney。

從這組史丹利．庫柏力克（Stanley Kubrick）導演的電影《金甲部隊》（*Full Metal Jacket*）的首尾對照中，我們看到截然不同的影像。如果你的電影團隊創造出來的故事情節是「戰爭讓人失去人性」，那麼這就是完美的互補。第一個畫面乾淨、冷漠，但依然是具有人性的。我們看到一個身上有斑點、有瑕疵的人，被理去頭髮便是被抹去人格的第一步。這場的影像是以無法完全在後製建立的平光方式照明，其顏色調性也很平整：畫面四周無暗角，空間明亮乾淨，一切看起來都清楚分明。而結局時的影像是圍著火堆前進的一群人影：戰爭消除了人與人的差異，他們融合成一個整體。四周的暗影給人凝重的感覺（就像用攝影機在思考著過去的歷史，也就是在我們可以輕鬆為電影進行這種數位處理之前的年代），進而對即將面對的世界，帶來更為沉重的感受。

很顯然的，這一切感受並非都能在後製過程裡建立。這些鏡頭下的情感，看起來都必須在製作前期甚至在腳本中規劃好，然後在場景裡執行。不過這裡的關鍵，是在說明我們必須先了解影片專案的用意，才能根據這些目的，在後製過程裡正確執行。如果沒有在色彩修正軟體裡調整這些原始素材，故事的感受便難以確定，很可能會在最後一幕裡出現人物細節，例如控制顏色曲線來帶出細節，讓你可以選擇保留他們臉上的細節。而第一幕也很容易做出暗角暈影，讓觀眾的視線更集中在剃光頭的士兵上，或是讓他們的膚色變亮，把角色看得更清楚，或是加上眼角的反光…等，但這些可以辦到的處理方式並無法實現電影整體故事結構的目的。色彩的修正並不只是在「美化」影像，而是在於如何說故事。

一部好的電影應該要帶領觀眾踏上一段旅程，而你在後製作過程中如何操作影像，便是相當重要的導覽環節。

吉姆．賈木許（Jim Jarmusch）的電影《你看見死亡的顏色嗎？》（*Dead Man*）中的第一幕影像和最後一幕影像都是動態的。下頁例圖左邊是一部機器，右邊則是帶有一絲人性暗示的大自然。但除此之外，請各位找到影片來研究這兩幕影像裡的不同對比。左邊畫面

《第一幕與最後一幕》截圖、*First and Final Frames*、 Jacob T. Swinney。

的天空（譯註：不在截圖畫面中）過亮成純白色，天空顏色如此一致，因此與白雪皚皚的地面融為一體，火車下的陰影則像墨色一般的純黑。而在右邊的畫面裡，天空的灰色並不會比海洋亮多少，即使是陽光從雲層射下的幾個地方，也都變得黯淡。

我們很少會看到整部電影專案裡，只帶著某種「單一」的外觀。當你要統一某些元素時（例如在《你看見死亡的顏色嗎？》電影的所有內容都是黑白的，把影片綁在一種缺乏飽和色彩的外觀中），故事裡發生的變化和影像的改變，通常也會推動電影外觀樣貌的變化，甚至對比的方式也可以隨故事發展而改變。

這些決定都會受到對比與親和力原則的影響。在畫面裡將影像彼此連結或將物體放在一起，都是建立電影視覺效果的推力。兩個不太可能剪在一起的影像，便能建立出吸引觀眾的「視覺強度」。

在你決定如何建立影片外觀時，專注於以下四種「關鍵領域」會很有幫助：

1. 你想統一什麼特質？
2. 你想改變故事結構裡的哪些特質？
3. 你想在主題上改變哪些特質？
4. 你想在影片節奏上改變哪些特質？

一致性

這是經常被忽略的電影特質，但請記住很重要的一點，也就是某些元素應該保持「一致性」，以便為整部電影營造「連貫」的感受。當你在調色時，如果影片外觀在不同場景之間發生重大變化，尤其是在這種外觀與主題或結構沒有關連的情況下，很可能會讓觀眾感到困惑。

結構

「結構」是指結合故事結構來調整調色的決定。在電影開始時帶入一些顏色選擇，同時介紹角色和劇情衝突點，隨著衝突加劇而加強色調，並隨著故事結構與你的調色選擇一起進入高潮，也就是搭配結構來進行調色。

結構也是讓影片有一種「旅程」感受的關鍵，從某種特定的影片外觀開始，逐漸過渡到另一種外觀樣貌，最後讓影像外觀的發展或改變，與角色的演變同步對應。

主題性

主題的顏色選擇圍繞著主題或角色而構建。最容易理解的例子便是「回憶」畫面所賦予的特定「外觀」，可以讓觀眾看出差別，並協助觀眾在影片的時間軸上保持正確走向。除了簡單的在時間和空間上為觀眾指引電影走向之外，我們還可以根據角色關係的主題性來控制調色。當劇中角色與情人失去聯繫時，顏色可能會慢慢從電影裡消失。危險人物出場的部分，也可以用上特定的綠色色調來強化感受。主題色彩的選擇，經常會在製作前期就與設計師或藝術總監協調規劃，但也可以在後製作過程裡添加。

如果你正在努力讓觀眾理解角色關係的話，增加「主題調色」的選擇，便可協助提供線索給觀眾，暗示故事稍後即將發生的變化。最容易理解的主題顏色選擇之一，便是在電影《法櫃奇兵》（*Raiders of the Lost Ark*）裡可以看到的「紅色 ＝ 危險」。雖然在影片拍攝過程裡已經非常成功的處理過這點，但如果你正在努力讓觀眾能夠充分理解角色的危險特性，並打算利用「紅色 ＝ 危險」的暗示，便可以在該角色的場景裡，暗中增加紅色元素，建立與主題之間的關聯性。

節奏感

對比是保持影像新鮮感受的最佳方法之一。從黑暗的場景跳到明亮的場景、從藍色場景跳到紅色的場景，將影像彼此接鄰放置，讓它們之間的差異產生敘事上的意義，便能強化電影的張力。當然你也可以在結構和主題上辦到這點，不過有時我們只是想讓劇情帶點節奏感，因此你便可以選擇某個元素（例如黑暗和明亮的場景），然後讓它們交替出現，營造出新鮮感。

在觀看單一場景時，通常很難在極短時間內看出節奏的變化，但只要在軟體的剪輯時間軸中觀看影片片段，或是觀看時增加影片速度，就比較容易看到節奏的變化。舉例來說，如同布魯斯．布洛克（Bruce Block）所說，在電影《法櫃奇兵》中，黑暗和明亮場景之間的交替，便提供了另一個出色的結構範例。利用「黑暗」的白天場景和「明亮」的夜景，讓視覺節奏在明暗之間交替，可以讓事物保持新鮮和動態感。如果快轉觀看電影時，就很容易可以看到電影裡的影像，幾乎隨著四周景物彼此明暗「閃爍」著。

節奏的規劃通常應該在作業前期完成，不過調色師也必須意識到這種規劃，才能事先強調出來。如果缺少這種規劃，很可能會讓最終調色偏離最初的目標，因而無法滿足故事本身和電影製作者的需求。

語言

很不幸的，當我們談到影片的色彩和影像時，使用的「語言」往往不夠精確，而且可能導致混淆。雖然「兵馬俑」（terra cotta）可能代表一種非常特殊的碎片顏色，但它也可能在不同的想像裡帶出不同的含義，例如童年記憶、過去的經驗，或是對這個名詞有固定的聯想等。在下面的例圖影像中，各種高度不同的「兵馬俑」形成了不同程度的陰影。如果你的客戶最近去參觀過兵馬俑，或剛好看過一篇關於中國兵馬俑的文章，然後說他想要一種「兵馬俑的感覺」，那種色調一定跟看著小時候廚房裡的「復古陶磚」（terracotta、單字拼法跟兵馬俑一樣）長大的人，代表著不同的意義。

Nee 攝影、維基共享資源。

「薄荷」色是另一個惡名昭彰的範例。請把這張真實薄荷葉的影像，與你通常認為「薄荷色」所關聯的顏色進行比較。

Martin Vorel 影像提供。

Sicnag 攝影、維基共享資源。

因此在調色作業時，最好盡量避免使用過於含糊的語言。在描述顏色時，我們通常使用三個特定的度量標準來討論顏色，即「色相」（hue）、「飽和度」（saturation）、「亮度」（brightness），亮度有時也會用「明亮度」（lightness）的說法。一般的「色相」是多數人可以大致認同的七到九種顏色：紅色、橘色、黃色、綠色、藍色、靛青色和紫羅蘭色（以及更常見的紫色和粉紅色）等。然而即使在這些色調內，也存在很多歧義，當我們提到「紅色」時，有些人可能會想到比其他人更暗的紅色，但這可以當做「溝通」的起始點。因此，如果導演想要一種與陶磚相似的色調，你可以問他是否想要「去飽和的偏淺黃紅色」或「偏深橘色的紅色」，他們的答案便較能釐清他們想要的顏色。

尤其是在合作的初期，千萬不要怕向團隊提出這些「澄清事實」的問題。舉例來說，我曾經與一位導演合作，他說把綠色「拉出來」（pull out）。而我認知的「拉出來」便是「移除」的意思，所以我把綠色去掉飽和度，結果讓導演很不高興。於是我花了 20 分鐘的時間，才了解這位特別的導演（也是一位音樂家），所說的「拉出來」是指「移到前面一點」，就像如果你帶領一群歌手合唱時，可能會把唱得較好的一位特定歌手「拉出來」，放在人群的最前面唱之意。同一個片語，理解的意思卻完全相反。後來我增加綠色的飽和度，導演便對影像的結果感到很滿意。

我們希望語言是精確的，但事實上語言經常是模糊不清的，維持作業順利進行，尤其是學習如何與人溝通調色內容時，最好的方法就是開口問大量的問題，並對使用不同詞語意義的客戶，保持開放的態度。

當你一起瀏覽腳本時（通常在製作之前），請確保搜集盡可能多的實際視覺影像參考。語言雖然是主觀的，但兩個人站在一個房間裡一起看影像時，有一個具體的影像基礎便可以開始對話。然後你可以使用實體的板子或線上展示工具，開始將這些影像放入作為參考的資料夾中，例如「電影片頭」、「結尾」、「回憶場面」、「反派角色」等，這些將有助於在整個製作過程中，導引團隊成員的整體看法。

建立團隊共識

在每部電影的製作過程中，最複雜的部分就是要達成團隊的一致共識。儘管在許多方面都有相當清晰的決策流程，由「導演」本人負責統整，但你很可能遇上某些電影專案的導演，是由作家或演員所轉任，他們對於視覺效果的概念並不清楚，因此很可能會依賴攝影師來提供指導，甚至有些導演本身是色盲（例如諾蘭）。而在其他情況，尤其在電視界，作家或製片也可能會對最終調色結果有更多的意見。

從另一個方面來談，你也可能遇到某些團隊的情況，讓人很難搞清楚到底誰擁有最後決定權。整個團隊的執行製作、作家、導演和攝影指導之間，不僅還沒弄清楚如何合作，也還沒對專案有共同的期望願景，這種情況很可能會造成麻煩。

當然這些情況裡的每一種，都有其不同的困難點，但你最好記住一點：你無法為他們做出最後的決定。不過你可以試著確定誰是「真正」擁有最後決定權的人，或是將這些提供給你的訊息，盡量完成一種使「各方滿意」的解決方案。例如在同一個房間裡，導演可能說「我想要更明亮的影像」，而攝影指導則說「還要再暗一點」，兩者在表面上似乎不可能同時辦到。因此這種時候最好的選擇，就是更明確的問問題，以試圖準確搞懂他們使用這些說法時的確切含義。舉例來說，也許導演唯一關心的是演員上的亮部，以便讓觀眾能看清他們的眼睛，而攝影指導可能是希望角落裡的陰影更暗一點，讓感受再沉重一些。雖然這些語言本身聽起來可能完全矛盾，但經過仔細詢問後，兩種需求便都能滿足了。

就像拍電影過程裡的許多其他事情一樣，最重要的事就是讓大家聚在同一個房間裡，看著同一台螢幕，並且有清楚表達的機會，也就更可能找出在這個影片專案裡，大家所共同喜好的外觀風格。

亮一點：導演可以看到面孔，但攝影指導不喜歡這種氛圍。

暗一點：攝影指導喜歡這種感覺，但導演想多看看演員的臉。

請記住一件事，跟這點同樣重要的便是，他們並非僱用你來當一個按「按鈕」的人。他們希望的是你把自己的意見和眼光貢獻出來。通常對「客戶要求什麼就給什麼」的人，很難好好完成一件事。

剛剛好：角落變暗、氛圍凝重，但演員的臉變亮。

如果你認為客戶走錯了方向，也可以有創意的引導客戶的想法，或者如果你對影片有什麼想法，你的責任便是將這些想法提供給客戶。客戶不必「認同」你的想法，但你的工作是為他們的影片，提供那些他們甚至未曾思考過的可能性。作為一位深入研究色彩奧秘的專家，當然不可避免的會在影片外觀與技術上，具有別人尚未思考到的獨特想法。

客戶對影片的願景是溝通的開始，而非在你工作開始之前，就先給你影片外觀樣貌的唯一答案。

測驗 1

1. 哪位電影工作者對電影看起來的外觀不一致而感到沮喪，並因此促使 THX 成為戲院放映修正的標準？
2. 高畫質影片最常見的影片播放格式名稱為何？
3. 哪種類型的顯示器被視為「參考」用的顯示器？
4. 請舉出 5 種我們在討論顏色時，經常會用到「色相」顏色？
5. 管理調色作業的四種典型作法為何？

技術

2

編解碼器和通道

在我們還未進入如何處理拍攝影片的內容之前，還有一個很重要的概念必須了解，也就是「成像管道」（image pipeline）。

基本上，影像的形成過程，是從器材拍攝一直到在螢幕上顯示，顯示螢幕則大至電影螢幕、小到手機螢幕的整個範圍。「巨觀」下的影像成像管道如下表所示：

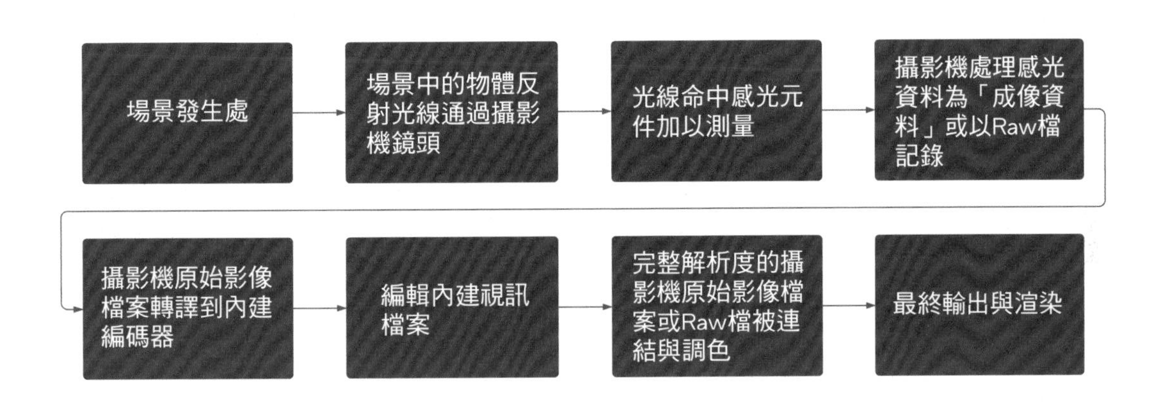

在影像管道裡的每個步驟裡，只要是對影像執行過的操作，都將影響你接下來對影像所能執行的動作。如果開始設定時的原始「場景」太亮，鏡頭裡便會通過太多光線，讓感光元件過曝，這些過曝的感光數據便會被記錄到影片中。

即使用原始影片進行作業，也無法在後製過程徹底修正曝光過度或曝光不足的場景。如果感光元件達到最大曝光值，便會停止記錄新的感光訊息，因此在訊息調整時，便沒有更亮的「新」訊息可供修正。在下面的範例影像裡，窗外的影像訊息使感光元件過曝，尤其是在窗框頂端的部分。因為這些額外的感光數據並未在拍攝當下捕捉到，所以沒有任何後製處理能夠神奇地將影片細節，增加到未曾記錄到的那張影像上。當然這並不表示該場景設定時有誰犯了錯，曝光的程度本來就是一項決定，在例圖（下頁）中很明顯的，場景中的重要訊息發生在房間內部，因此，這裡才是整個團隊集中精力進行曝光之處；他們寧可犧牲窗外的訊息，以便優先考慮內部的重要時刻。

理想情況下，這些步驟都不太會對影像產生任何影響，但是你必須確保不會動到原始影像，也不打算對原始影像造成任何影響。舉例來說，只有在原始影片檔案的解析度大小或寬容度，高於你用於剪輯檔案的解析度大小或寬容度時，才需重新連結到原始影片。

重新連接到原始攝影機檔案，並不會有任何更好的影像品質，亦即你可能浪費了大量時間，也無法獲得影像品質的改善。因此，如果拍攝是用 RED 或 Arri raw 檔時，通常值得花時間重新連結原始影像檔案，但如果是從 DSLR 單眼相機或照相手機拍攝的影像格式，例如 H.264 這類較低畫質的格式後，就可以考慮轉檔到更大的影像格式（如 ProRes 4444）中，而無須再重新連結原始影像。不過基於安全考量，請勿刪除原始檔案，以防萬一遇上從攝影機原始影像到後製中間格式的轉換過程裡，發生問題的情況。

軟體裡的成像管道

在調色軟體中，也存在著你必須了解的影像處理管道。如果只看整個流程裡的「對影片檔案進行調色」這個步驟，然後擴展開來，事實上仍會涉及許多個步驟。

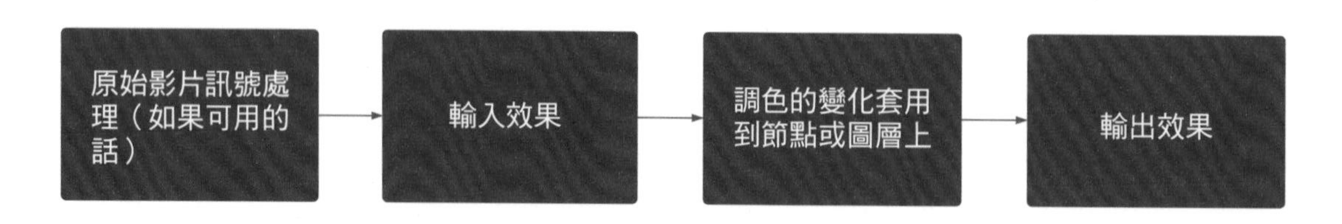

我們會在稍後的「原始影像」一節裡，討論更多有關原始處理的內容，不過目前只需了解，某些影片格式可以從攝影機影片裡取出更多原始數據，而「原始處理」（raw processing）通常是整個成像管道裡的第一個步驟。接在其後的是「輸入效果」（input effects），通常會選取影片檔案容器或影片檔案儲存區裡的整組媒體，並預先套用通用效果，例如先套用 LUT 或其他類型的影像「轉換」（這點會在 LUT 和轉換一節中加以討論）。

與整個影像成像管道的情況一樣，在你軟體的成像管道中，每個步驟都會影響到後面的流程。舉例來説，如果你決定要對專案中的所有素材套用 LUT，而這個 LUT 會導致某些可用範圍之外的影像區域訊息被裁切掉，你在稍後就可能無法恢復「裁切掉的」影像訊息。儘管 LUT 在某些情況下確實可以成為強大的工具，但我們稍後將會討論到其他的方法，包括為調色師保留更大靈活性的影像轉換。

在「輸入效果」（如果有套用的話）之後，接著便是在傳統上認為是「上色」（coloring）的部分，亦即按節點或圖層套用特定的自訂效果。作法通常是在 Final Cut Pro、Adobe Premiere、After Effects 或 Avid Media Composer 等應用程式中找出圖層，然後將「濾鏡」套用在圖層堆疊上，以建立影片外觀。

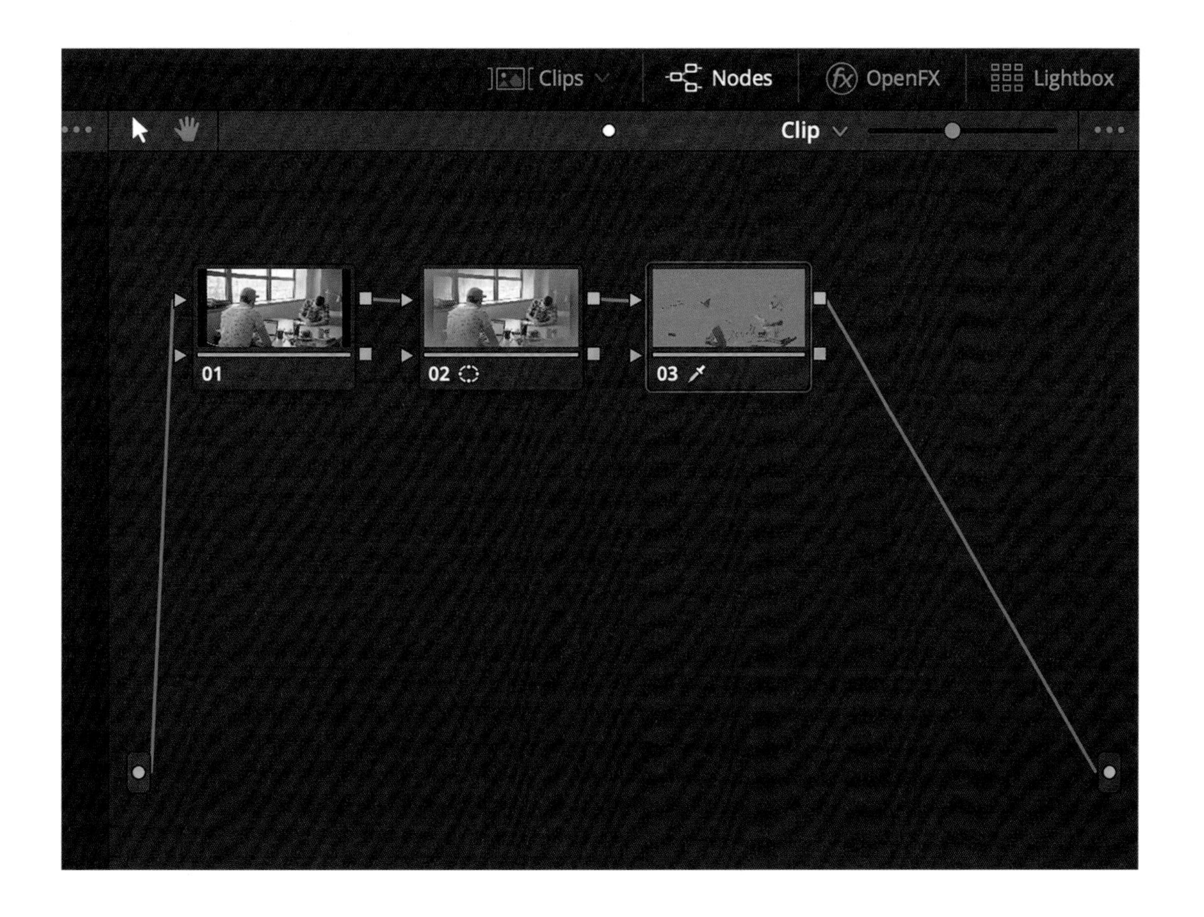

雖然在「圖層」的應用非常強大，但將它們連結在一起，然後以複雜的方式處理影像的作法，會有許多限制，以致於這些複雜的作法在「圖層」設定裡很難安排。

因此有許多應用程式，已經轉移到使用「節點」（node）的作法。如果你曾經在 PowerPoint 看過「流程圖」，便可大致了解節點的概念。節點是作用在影像上的個別元件，你可以根據需求在每個節點內，堆疊各種不同的工具和功能。然而節點的真正能力，在於建立更複雜的「節點樹」（node trees），這些樹狀結構，可以把影像拆分成平行或分層結構的流程，然後再重新組合。當然圖層也可以建立出類似的效果，但是使用節點可以讓工作內容有更清楚的視覺呈現，並讓其他人更容易理解，而且確實可以讓你在稍後繼續調色流程時，記得剛剛處理過的內容。

每個節點通常都有一個「輸入」和一個「輸出」端，就像影像成像管道裡的其餘部分一樣，你在較前面的節點所執行的操作，會影響到你在下一個節點上本來可以避免的事。因此，像 Resolve 這樣的調色軟體，會盡力使每個節點為非破壞性，亦即如果你在前一個節點上稍微調亮了影像，你就可以在下一個節點將之調暗。不過在開始進行操作之前，請養成事先考慮節點「順序」的好習慣，如果已經知道要在最後完成影像裡用到天空的部分，就要先確保不要在較早的節點裡過分的裁掉天空可調色的部分。在範例影像中，倉庫呈現陰暗無高低調性的顏色，而客戶希望整體感受能開闊一些。如果你把整體影像調得太亮，天空就會被推成純白色。雖然在另一個節點應該可以調回來，但如果在節點 1 推得太遠的話，節點 2 裡就沒有細節可調。

另一種選擇是混合節點的作法。如果因為特定原因需要大幅度調亮影像，以至於天空確實過曝的話（雖然在 Resolve 這類軟體中很難發生，但還是有可能，例如 LUT 的色域錯誤所發生的情況），便可建立「圖層混合器」（layer mixer）節點，讓你可以將兩個節點混合在一起。在此例圖中，下層節點並非從其前面的節點輸入，而是直接從節點樹上的「原始」影像進行繪製。這個原始來源的天空還沒有被過曝掉，因此可以讓圖層混合器把這些細節救回來。每種軟體都有不同的方法來混合圖層，並叫回原始影像的細節訊息，因此最好從你所選擇的調色平台裡尋找可用的方法。

軟體流程的最後一步是「輸出效果」。我們很少會出於創意目的使用輸出效果，但是有時你一直在某一種設定裡作業（舉例來說，在 Rec.709 中），而你想要建立在另一種設定下的工作輸出（舉例來說，DCP 標準 DCI-P3）時。就這種情況來說，使用 LUT 非常普遍，因為無論你遇到什麼色域問題都不太重要（希望如此），你並不會進一步處理影像。不過在這種情況裡，也出現了更強大的影像轉換過程。

什麼是編解碼器，為何很重要？

自 1990 年代以來，業界的技術主流公司，都在努力使影片成為一種「無縫」過渡的格式。從以消費者為主的「DV」格式發明開始，我們可以拍攝 DV 影片，然後透過 Firewire 擷取影片，在電腦中直接剪輯。而且在 Final Cut 或 Premiere 上，這些剪輯過的影片還可以回存到磁帶中，或「順利」變成商業影片。如今當你用手機拍攝影片，然後用簡單的剪輯平台處理後，直接上傳到網路時，其實就已經在影片中介入了大量處理，很多主要的技術問題，都已在「幕後」獲得解決，完全無須個人介入。

但當你想在任何媒體上進行更複雜的工作時，就必須更了解其工作原理。就調色而言，對於電影製作者或客戶來說，最重要的基本理解就是「編解碼器」（codec）的概念。

編解碼器是指用來建立影片檔案的特定編碼。事實上，「編解碼器」（codec）是「編碼與解碼」（code-decode）的縮寫。你可以把它理解成一種「語言」，就像你有一個想法，而這個想法可以用英文、斯瓦希里語（非洲三大語言之一）、印度語或俄語來表達的情況。就影片而言，當你手中有一部影片時，你可以將該影片用各種編解碼器進行「編碼」（encode），當然每種編解碼器也都各有其優點和缺點。

許多新電影工作者常犯的一個錯誤便是混淆了「檔案包裝」（wrapper）和編解碼器（codec）的用途。我們通常在影片檔名尾端看到的副檔名 .mxf、.mov、.mp4 或類似的檔案名稱，指的是使用的檔案包裝，但相同的檔案包裝卻可以使用各種編解碼器。同樣以語言作比較，就像相同的字母可以用在英文、西班牙語和法語一樣。在「.mov」檔案包裝中，便支援許多編解碼器，例如我們經常看到 DNx 或 ProRes 被寫入 .mov 檔案包裝中，而 H.265 或 H.264 則被寫入 .mp4 檔案包裝中。如果某個軟體不支援特定編解碼器的話，通常可以用另外安裝外掛程式或插件，來讓這個應用程式可以「查看」該特定編解碼器。而如 VLC Player、QuickTime Player 和媒體資訊之類的應用程式，都會讓你知道關於影片檔案的更多資訊，包括影片檔案所使用的編解碼器等。

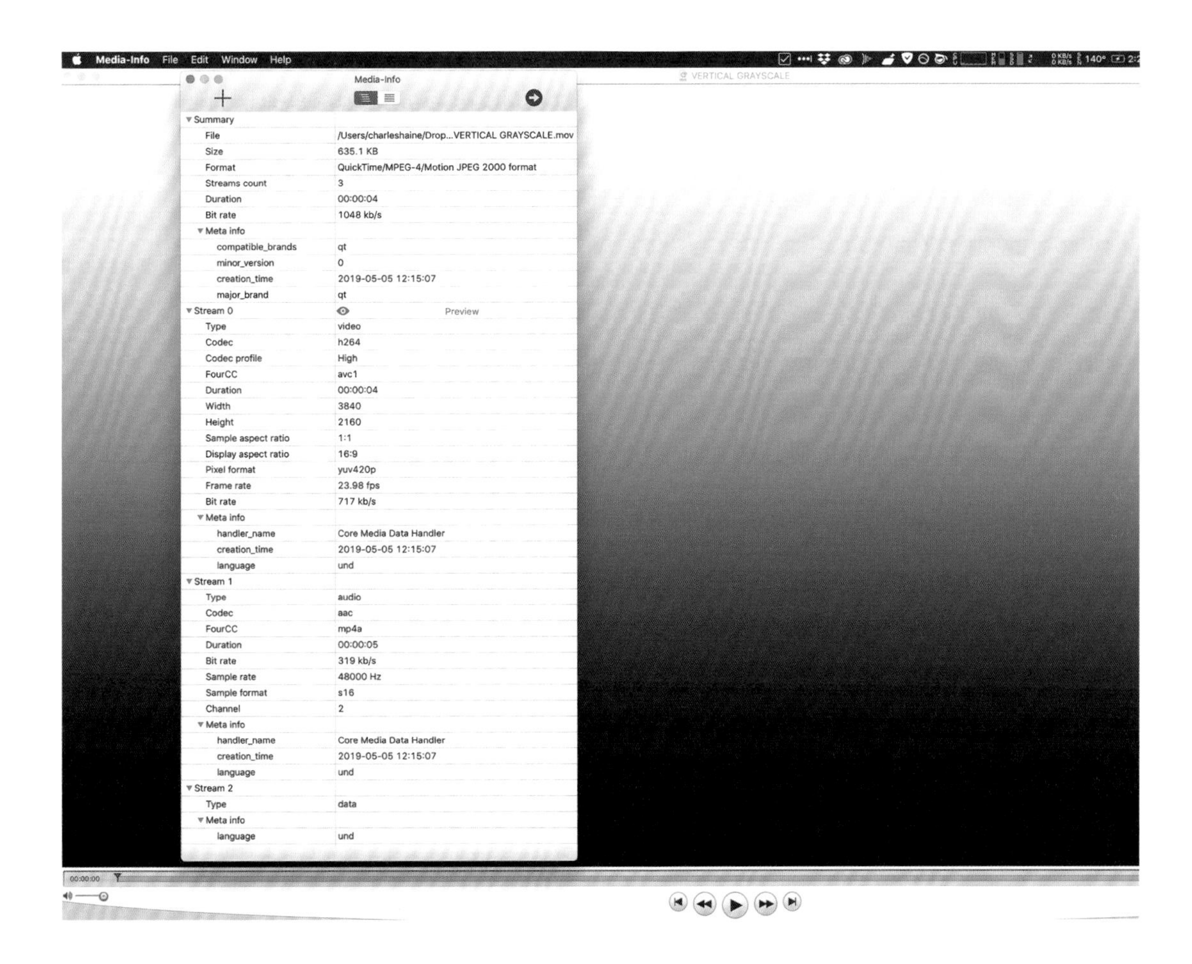

應用程式都有各自選擇的檔案包裝，例如 Avid Media Composer 喜歡用 .mxf 檔案包裝，而 Apple 程式通常最適用 .mov 檔案包裝。

後製處理流程裡最常見到的編解碼器有 H.264、H.265（HEVC）、ProRes、DNx 和 Cineform。令人困惑的是，不僅在流程裡的不同階段，可能使用不同的編解碼器，甚至使用起來也會有不同的效果。

我們必須理解的一個重要區別，就是某些編解碼器本身，會比較容易用電腦剪輯系統處理。有時你會聽到它們被稱作「處理器原生」（processor native）編解碼器。為了讓任何類型的後製作軟體可以使用，它們都必須分別繪製每個單獨影格，以便於在任意影格上進行剪輯，因此以相同方式運作的編解碼器，使用起來便可更輕鬆、更節省資源。這些也就是我們認為好的「中介」（intermediate）編解碼器，例如 ProRes、DNx 和 Cineform 等。它們的設計均考慮到後製流程的易用性。這些編解碼器都設計了各種層級的壓縮度，例如給 Apple 用的編解碼器，ProRes Proxy、 ProResLT、ProRes、ProRes HQ 和 ProRes 4444 等。較高畫質的格式對於影像當然更有利，不過代價就是較大的檔案。

當然現在有許多攝影機可以直接擷取為這些格式，而且在許多情況下，這些格式也能作為傳送檔案的格式。然而有一種情況卻會讓這種作法變得毫無意義，也就是線上使用或透過網路傳送的情形。因為這些中間格式會建立較大的檔案，而這些檔案可能要花很長的時間才能上傳到 Vimeo、Frame.io 或 YouTube 等網路影片平台的伺服器上，因此通常不會是「線上」傳遞檔案的最佳選擇，甚至也會被網站拒絕。

在這種情況下，通常我們會把最終的專案主檔壓縮為 H.264，或是更新的 H.265（HEVC）編解碼器之類的「網路專用」檔案格式。這些檔案格式是專為建立高畫質網路影片而設計，而且大多數網路影片平台都完全支援這類檔案格式。H.264 已經被廣泛利用了很長一段時間，如果用 H.265，還能獲得相同影像品畫質且較小的檔案。話雖如此，H.265 的編碼時間要長上許多，儘管所有主要的播放器都能支援，但 H.265 尚無法在所有輸出領域得到廣泛支援。蘋果公司最近也透過較新的硬體（例如 Mac mini 和 2018 年以後及較新的 MacBook Pro）大力推廣 H.265，以便透過專用硬體，讓它能以跟 H.264 相同的速度，對 H.265 進行編碼。

若你曾經下載或直接拍攝 H.264（如同許多單眼相機、無反光鏡單眼相機和幾乎所有手機的攝影一樣），可能就已經注意到它可以在「QuickTime Player」或「VLC」等影片播放器裡正常播放，但如果導入剪輯系統時，便會遇到困難。這是因為 H.264 的特性，是把多個影格組合在一起，以建立較小的檔案，因此需要剪輯軟體花時間來「解壓縮」所有個別影格。儘管 Premiere 和 Resolve 之類的軟體會非常努力的解壓縮 H.264，並且可以對這些檔案進行「原生」（native）剪輯，但對於調色流程而言，我們仍然強烈建議將這些檔案轉碼為容易使用的中介編解碼器格式。

「轉碼」（transcoding）是指將影片重新寫入新編解碼器的過程。當影片從 H.264 之類的低位元率格式轉換為 ProRes 或 DNxHR 的中介格式時，通常我們認為這種轉碼過程並不會損壞畫質，只要你選擇那些檔案較大的編解碼器即可。因此，許多電影攝影師在使用以 H.264 拍攝的攝影機工作時，便會立即轉碼為 ProRes，然後將這些檔案當成新的「主要檔案」。

從技術上來說，轉碼過程中一定會損失一些畫質，但經過大多數用戶的使用測試，發現這種畫質損壞在視覺上並不明顯。電影拍攝的現實之一，便是在過程裡的每個步驟，都必須捨棄某些「畫質」。例如在拍攝場景裡，你把攝影機對準場景的某一部分，攝影機便只能記錄當時這部分場景裡的某些光線值。所以應該記住的關鍵是專注於最後想要完成的影像，然後從那裡開始往回推。由於考慮到這一點，所以許多電影製作者也測試了直接拍攝為 ProRes 或 DNx（當然是高位元率，例如 ProRes444 或 DNxHR HB）格式的攝影流程，並一直追蹤影像到戲院播放為止，效果也十分滿意。

如果你的電腦能夠處理的話，也可以依據自己的需求，直接以攝影機拍攝的 H.264 檔案進行調色，雖然以這種方式直接編輯影像畫質的好處（如果有的話）並不明顯，不過額外的轉碼處理，當然會拖慢你的工作速度。然而在剪輯程式裡，這種畫質很可能會比使用「中介」格式轉碼過的畫質來得差。只要透過專用的調色軟體，你就能夠了解兩者的差異。因此，雖然那些行銷廣告會鼓勵你直接使用攝影機原生檔案進行作業，但除非是 ProRes、DNx 或 raw 檔等，否則我們建議你避免使用這種原生檔案，而應堅持使用中介檔案，以避免後續必須處理 H.264 檔案的畫質。

低位元率 H.264 絕對不是理想的擷取格式，如果你參與了前期的拍攝作業，你所能帶來的最大幫助便是建議大家，將整個專案改為使用能擷取更強專業格式的攝影機平台，如此才能為後製流程提供更大的靈活性。

離線與線上

有時我們把使用「中介」編解碼器的概念稱為「離線」剪輯。這是早期數位影像流傳下來的說法，「線上」（online）指的是將最高解析度的影片檔案載入你的剪輯系統中，而「離線」（offline）檔案則是指專門為剪輯而建立的較低解析度檔案。

令人沮喪的是，這兩個專業術語現在已經有更普遍理解的意思。「線上」現在是指「網路」，因此影片檔案的「線上」版本，通常指的是你放在網路上的壓縮版本，而非用於調色和修飾的「完整解析度」版本。而當影片檔案無法連結時，你也會看到「離線」這個訊息（例如「影片處於離線狀態」是許多非線性剪輯軟體在無法連結檔案時，出現的預設訊息，這種夢魘經常發生在交件前一小時）。因此，雖然了解這些專有名詞的意義相當重要，但如果可能的話，我會完全避免使用這兩個名詞。

例如談論要上傳到網路服務的影片時，我會用「網路」（web）而非「線上」（online），而且會把檔案命名為「FinalMovieCCweb.mov」，而當討論到「離線」（offline）檔案時，則會使用中介格式（intermediate files）或代理（proxies）等。

我們也常見到一種情況，當攝影機拍攝的畫質較低（例如擷取 H.264 或使用 Canon 5D 之類的攝影機時），在轉碼為 ProRes 後，直接在後製中使用這些新的 ProRes 檔案。由於我們一直使用「中介」檔案，完全不會回頭使用攝影機的原始檔案，因此稱它們為「中介」檔案毫無意義，但若稱它們為「離線」檔案，也會令人困惑。所以在這種情況下，把這些檔案稱為「轉碼」（transcodes）會更方便，而且我們也會經常在檔案夾裡，看到「H.264 raw files」和「ProRes Transcodes」檔案夾並存的情況。

色度次取樣

影片會記錄三種訊號（紅、綠和藍色），縮寫為 RGB，並根據這些訊號建立我們在螢幕上看到的數百萬種顏色。在電視製作的早期階段，有必要建立較小的影片串流以利傳輸，其中所用的一種技術稱之為「色度次取樣」（chroma sub-sampling）。亦即不廣播全頻寬 RGB 訊號（我們稱之為 4：4：4），而是建立一個新系統，利用全頻寬黑白影像（亦即亮度、luma）和兩個「色差通道」（color difference channel、譯按：channel 即 Photoshop 裡所稱的色版，但在影片製作時一般稱為「通道」，以下皆同）來記錄色度。這些色差通道可能比亮度通道小，但仍可建立出有效的影像。因為事實證明與「顏色」相比，人類可以更準確地看到「亮度」的細微變化。最常見的色度取樣格式為 4：2：2，其中 4 表示全頻寬亮度通道，而 2 表示兩個色差通道。

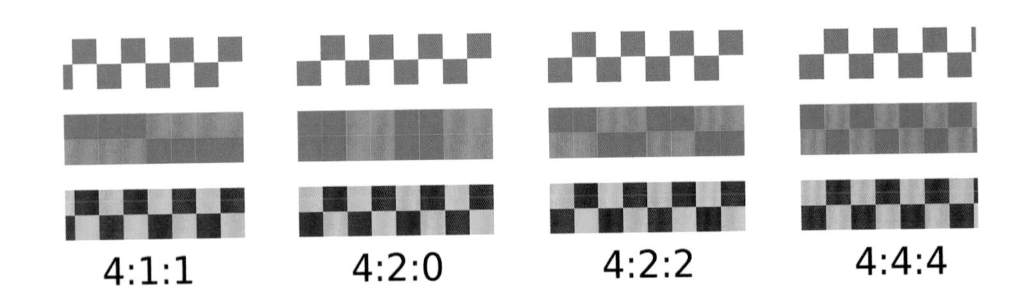

就影片傳送的內容來說，這種作法確實非常有效，而且你這輩子看過的大部分影片，很可能都在你並未注意到的情況下，進行了色度次取樣。不過它並不適用於我們將要處理的影像，原因在於色度次取樣會在色彩通道之間產生「串擾」（crosstalk），亦即把佔三個通道的 RGB 數據，塞入兩個通道中所造成的干擾情況。

在後製處理影像時，那些串擾的缺陷會被放大。當你四處拍攝時，你可能會從 422 影片中獲得比 444 RGB 更多的「假影」（artifact）。如果只是很小的顏色微調，差異可能不大，但對於較大的顏色修正，尤其是在綠幕合成時，就必須有 444 RGB 檔案才行。

當然，如果原始拍攝即為 422 或甚至更差的 420 格式時，只轉碼為 ProRes 444 RGB 容器格式，並不會神奇的重建出並未擷取的顏色數據。但是，如果使用 raw 檔格式（如下節所述）進行轉換，並且已經知道要進行大幅度的調色或影片合成時，一定要轉碼為 444。ProRes 444 檔案格式事實上還具有第 4 個 4，寫成 4444，亦即我們在後面的「技術 8」章節裡，將會討論到的 Alpha 通道。

Raw 影片

Raw 影片是一種可以保留更多感光元件擷取影像資料的格式，可以讓我們在後製處理時，具有更大的彈性。當感光元件擷取光線時，會同時擷取各式各樣的光和顏色數值，然後將其處理為一個「影片」檔案，讓我們可以輕鬆地進行播放或剪輯。這種作法類似於一般單眼或手機攝影中的 H.264 格式、更專業的數位電影攝影機中的 ProRes 或 DNx，或者像是廣播級攝影機中的 MXF 格式。

為了建立這種常見的「影片」檔案，攝影機會自動進行一些內部處理。它利用我們為攝影機所設定的白平衡和 ISO 值，處理來自傳感器（sensor）的原始「感光數據」（sensil data、亦即每個「感光單元」的原始光點數據，所建立的一個傳感器像素，而非 RGB 組合的「影片」像素），將其製作為影片裡每個影格的「像素」數據。

攝影機這樣做的原因，在於大多數感光元件的傳感器，都無法利用肉眼輕鬆可見的方式擷取影片。攝影機傳感器具有「感光單元」（photosite）的「拜爾圖案」（bayer pattern、感應用的濾色陣列圖樣）。每個單獨的感光單元都有單獨的濾色鏡，讓它只對光譜中的特定顏色感應。因此，一個約為 4000 像素的「4k」傳感器，事實上包含大約 2000 個綠色光敏像素（sensitive pixels）、1000 個紅色光敏像素和 1000 個藍色光敏像素。看起便來如例圖所示：

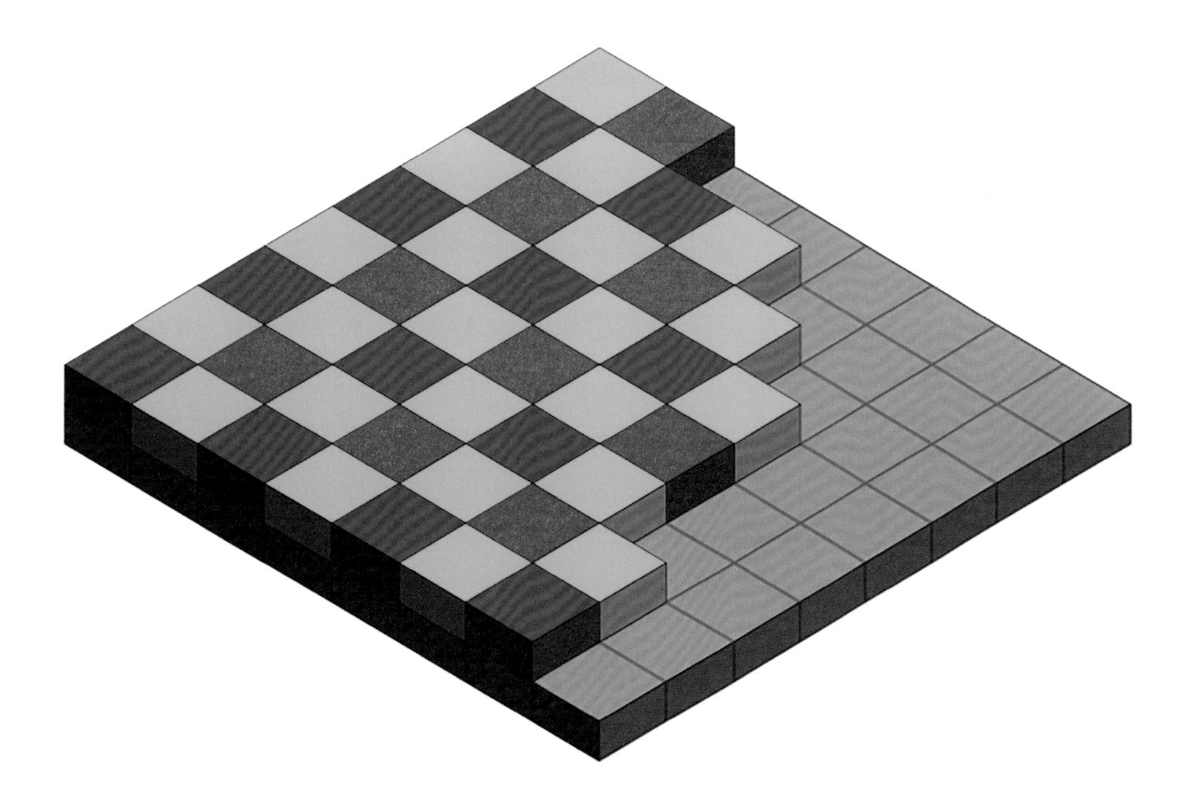

在攝影機內部，會使用非常複雜的演算法，利用這種圖樣處理從傳感器傳來的原始數據，並結合你的攝影機設定，以稱為「去拜爾」（debayering）的過程來建立可見影像。從技術上而言，這就表示許多「4k」攝影機的實際解析度，其實只有 2K 左右，不過事實上去拜爾算法非常複雜，我們能看到的 4k 拜爾陣列傳感器可測量的解析度，可能高達 3k，甚至更高。而你可能也聽過「去馬賽克」（demosaicing）一詞，也就是去除感光單元數據的馬賽克圖樣。因此「去馬賽克」是所有這類處理的統稱，而「去拜爾」則是電影工業用來指移除拜爾馬賽克圖案的常見統稱。

這也就是為何會需要用到 RED Monochrome 這類攝影機的原因。移除彩色濾光片，讓影片不必被彩色陣列處理過，因而能提供更好的低光靈敏度，並且提供更高的解析度。在測試中，拍攝黑白影片時，RED Monochrome 可以比帶有拜爾濾鏡的同一傳感器，建立出更清晰的影像。接著你會需要在鏡頭上使用濾鏡來控制影像，當然，這些測試會著重在觀看那些可能並不會影響到最終影像的小細節。

理解 Raw 影片最重要的一點，就是它在把傳感器傳出的數據去拜爾「之前」，所記錄下來的影像。原始的感光單元數據被包裝成一個檔案，讓你可以在稍後於調色平台上，處理傳感器擷取的完整數據。

Raw 影片功能最大發揮之處，便是在於當攝影機設置不良的情況，舉例來說，你在白平衡設置錯誤的情況下拍攝了影片檔案，例如在室外拍攝，但攝影機設置為 3200 度，讓影片變成非常藍，雖然後製調色可以拉回很多，但仍修復不回理想的畫面。如果是 raw 影片，只需點擊 raw 處理選項，然後把白平衡移動到正確設置，接著利用更強大的攝影機 raw 數據，讓軟體使用正確的設置，重新處理影像即可。

當然，攝影師們仍應事先努力設置正確的選項，由於這些選項的設置會決定整個視覺效果的外觀，因此這些預先設置的選擇，確實也會影響到攝影師的聲譽。然而如果犯了一個小錯誤（通常不是在主攝影機上發生，而是在副攝影機上發生），而副攝影機上只有助理攝影師所拍下的錯誤內容時，如果有 raw 數據，便能為調色提供更大的自由度。

此外隨著時間演變，去拜爾演算法也得到了更多改良，讓我們可以用更高的畫質，「重新處理」較舊的檔案。如果你手邊有 2009 年拍攝的 raw 檔，現在你就可以使用較新的軟體對影片重新處理。儘管只有些微的改善，但與 2009 年處理過的影片相比，你的影像畫質確實會有所提升。

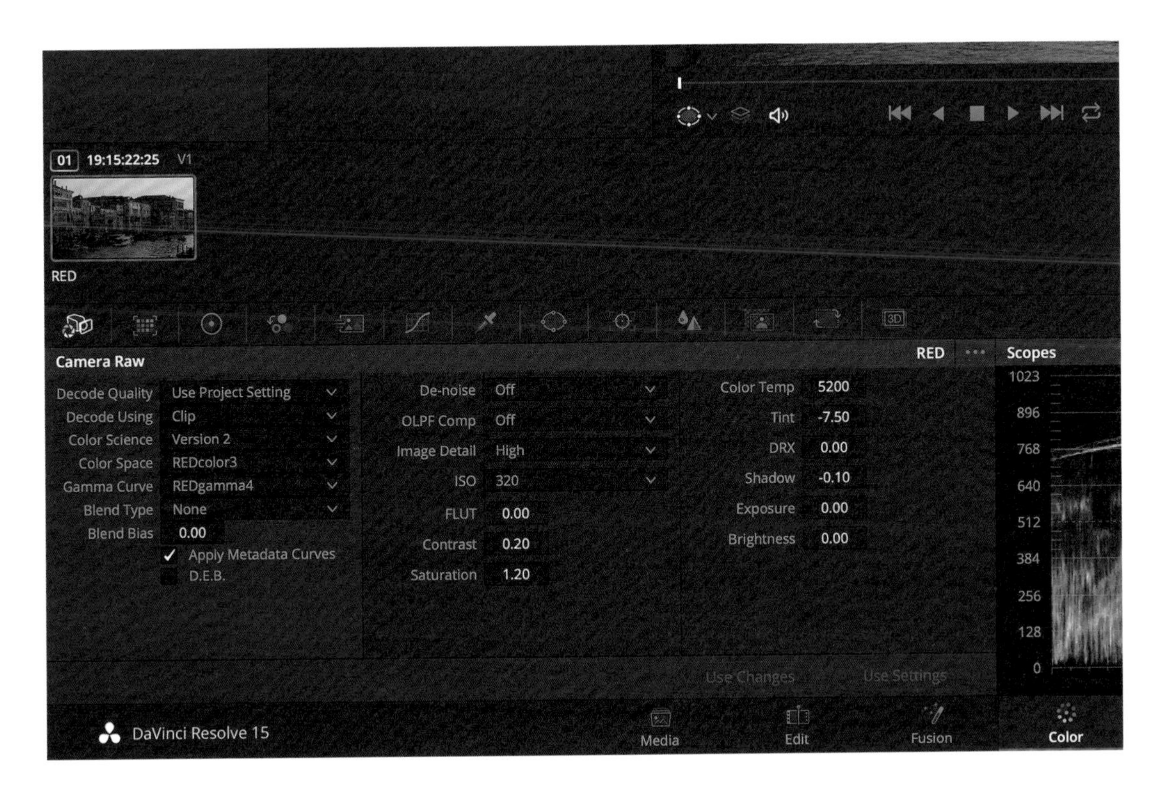

當然，這種作法並非全無缺點。雖然我們可以壓縮 raw 數據（REDCODE 的 raw 檔案已經過壓縮，並不會太大，新的 Blackmagic Raw 和 ProRes Raw 也都是被壓縮過的格式），但檔案大小仍會大幅增加，尤其如果使用像 Cinema DNG 這類開源的 raw 檔格式更是如此。雖然 H.264 和 DNx 這類常用的編解碼器普遍受到支援，但你仍需檢查自己的作業平台，是否可以順利使用各種 raw 編解碼器，因為這類支援的推出速度通常會更慢，有時攝影機開始建立新的 raw 編解碼器幾個月後，軟體供應商才提供支援新格式的更新。

除此之外，raw 檔最大缺點便是處理能力，因為你必須對 raw 影片進行去拜爾處理，以便在軟體裡觀看影片，並將影片建立出顯示器可用的訊號。對某些電腦系統而言，這點可能會增加系統負擔。儘管許多製造商都在努力使其能更容易進行作業，但我們在建構系統以及估算工作時間和成本時，也都應該意識到這一點。在 MacBook Pro 15 吋 Retina 筆電上，針對 HD ProRes 422 專案進行調色時相對容易，但是當你拿到的是 8K Raw 檔影片時，可能就會希望是在具有更強 GPU 功能的桌上型電腦進行處理。在靜態照片世界裡，Fuji 現在可以讓你把相機連接電腦，以使用專用的攝影機硬體對 raw 檔靜態影像進行去馬賽克。也許我們也會看到這項功能被加到 RED 攝影機平台以後的新版本裡。RED 過去曾經發布過自家的專用卡 RED Rocket 系列，以加快處理速度，它們也與 NVIDIA 緊密合作，以便可以在價格合理的圖形顯示卡上，進行 8k 的即時處理。

一次測試絕對不夠

面對新的編解碼器、攝影機、軟體或技術時，只要涉及到客戶的工作或截止日期的任何操作的話，先進行過「測試」絕對是非常重要的一件事。後製處理流程中有個奇怪的現象，也就是一定要進行好幾次測試，至少要 5 次以上，理想情況應該要進行 20 次測試。由於某些原因（可能只有風知道），「一次測試絕對不夠」。 我已經數不清遇到過多少次，看到一部影片在整個工作流程測試裡，順利完成且一切運作正常。然後，當實際的專案送來幾百段影片到達後製工作間處理時，原先測試順利的工作流程失敗了，全部變成一團糟的情況。這雖然幾乎是陳腔濫調了，但請記住「一次測試絕對不夠」。

一再測試，並且測試各種情況。特寫、廣角鏡頭、戶外、室內和所有攝影機可拍攝的解析度等，因為一次測試絕對不夠。

色彩計畫

藝術

2

理想情況下，你的「色彩計畫」（color plan）應從專案的腳本或處理過程開始。儘管許多電影製作者，經常會盡可能的「推遲」對專案整體外觀的調色流程，然而在後製過程裡，仍有極大的靈活度可以修改影像的整體外觀，不過到了最後的流程時，所有你可能努力的最大限度，也只能針對影像進行修正。

此外，如果影像沒有經過事先協調就拍攝的話，通常就無法得到某些效果。舉例來說，雖然有些客戶並未在場景中拍到飽和色彩的內容，但卻會對調色師抱怨影像不夠「飽和」。然而，如果拍攝的鏡頭是陰暗的，例如身穿深灰色服裝的人，站在機場的水泥停機坪上。這種片段在後製作裡，就算拼命轉動「飽和度」旋鈕，也不會讓這個特定影像提升色彩的飽和度。

事實上，在後製作流程裡增加數位飽和度，通常會讓畫面看起來粗糙或失真。反過來說，抽掉顏色可能會比較容易一些，不過這點也要事先考慮好，因為你需要某種方法把主題與背景分離時，顏色便是實現此一目的的好方法。但如果顏色被抽掉了，演員也可能會融入他們後面的背景裡。

若你打算大幅降低影像的飽和度，最好可以先預覽過降低飽和度的現場影像，以確保現場照明的燈光效果正確。在場景中為演員增加柔和的背光，以便讓他們跟背景分離，會比嘗試在調色過程裡增加背光來得簡單。亦即盡量確保所需元素出現在攝影機前面，以便在後製過程中可以運用。

啟動流程

有了腳本或處理方法後，導演、製片人、電影攝影師、創意總監和製作設計的某種可能組合，便會與調色師一起坐在房間裡開會，討論專案視覺語言的整體概念。這也是親自觀看參考影像，並且開始為即將建立的色彩架構，規劃「整體輪廓」的好時機。

通常在這樣的流程初期時，不要太把自己鎖定在任何過於具體的規劃上。首先，請記住每個參考影像都是用來擷取某個特定時刻，你可能也會自己尋找適合作品的完美影像。這意味著客戶提供的參考影像，通常是獲得靈感與方向的最佳起點，但過於服膺你所看到的參考影像，常會使電影製作者陷入困境，因為自己無法與眼前的故事產生真正互動。

作法之一是利用白板、線上檔案夾或其他後製工具，將參考影像分成「片頭」、「中間」和「結尾」三種，然後開始將與你產生共鳴的影像，放在這些類別裡。這項過程可以協助我們了解建立故事結構的作法，並且透過視覺上的設計，把觀眾從一個步驟帶往下一個步驟。

自己進行這種分類作業會很有幫助，因為可以把各種影像歸類成一組，來回移動位置，嘗試各種排列，並思考有效的作法，以便為工作提供更大的靈活度。而當感覺參考圖片在結構中的位置已經「固定」之後，你可以掃描這些影像，制定一份視覺設計計畫 PDF 檔案，分送給群組成員，以協助大家保持同步。這份文件通常會包括每個主要角色的頁面、每種主題的頁面、畫面影像隨時間變化的結構頁面，以及其他參考影像等。許多電影製作人喜歡使用色片或 Pantone 色票，把每個場景、片段或角色的一級調色放在一起，以確保團隊能夠保持同步。其中有種技巧非常好用，也就是你可以從正確喚起情緒的影像上抽出顏色製作色條，然後把它們放在一起，便可快速呈現專案的整體色彩感受。

如此關於整體故事架構的討論，通常可以歸納出在腳本或處理階段上的各個關鍵時刻，而這些關鍵時刻最後也將成為專案整體設計裡的重要樞紐。越早建立好這些架構目標，便可更輕鬆地協調製作流程裡的所有元素，分配時間給那些視覺製作上較吃緊的部分。即使是在傳統的三幕式結構專案下工作，也可能會出現某些元素，改變了你為整體影片建立強度的方式，例如劇情中間點較晚出現，或是被拉長的劇情高潮等，以「圖表」（下頁）方式來分析你嘗試表達的視覺故事，會對整體色彩計畫有所幫助。

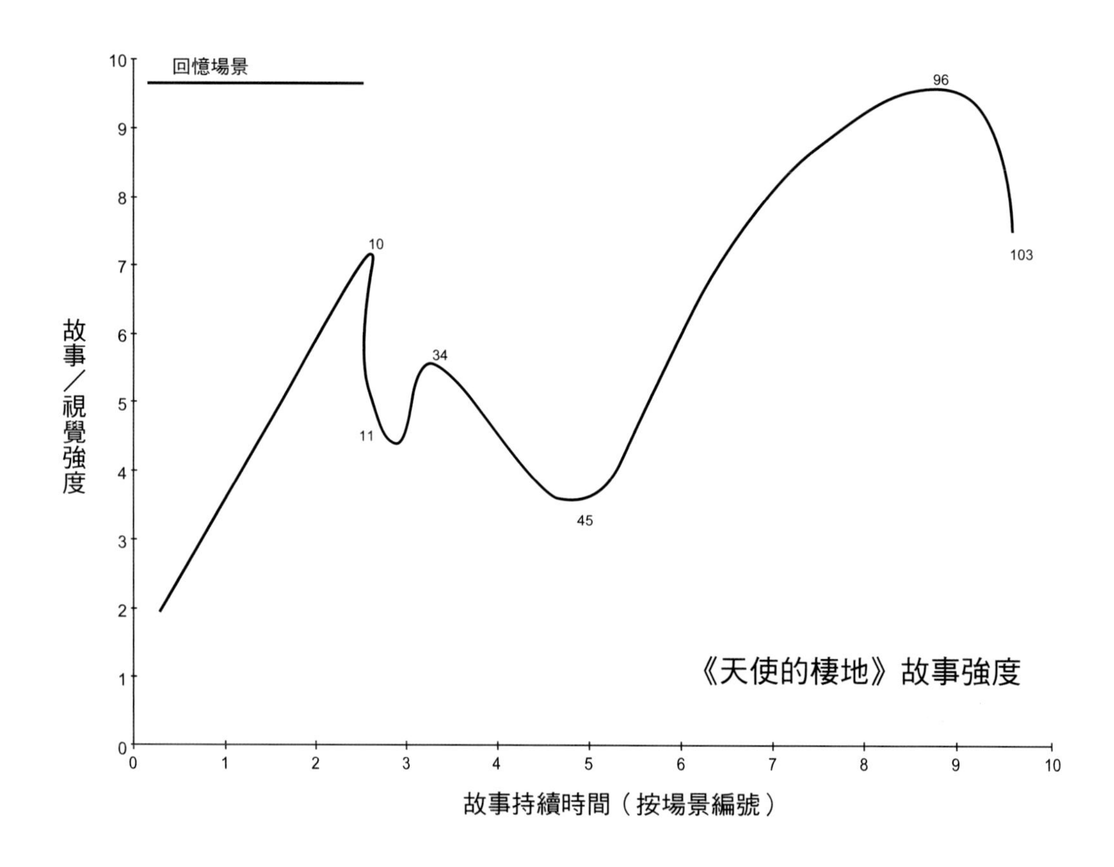

接著我們可以利用情節起伏，套用色彩元素來強調這些故事點。舉例來說，如果你要使用冷熱色調對比來建立「地點」的區別，便應標註在色彩計劃中。如此可以協助你在拍攝前進行場景勘查，也將有助於後製調色作業。在範例圖表（下頁）中，匹茲堡比較冷調，而電影的其他地點會趨向暖調，這點是非常重要的訊息。雖然我們可以根據要求，在拍攝後的調色過程再決定呈現這些訊息，但如果事先規劃好這些決定，便能為你提供更適切合理的訊息。一般而言，生產方的某些觀點會影響調色決策。例如在這部電影中，匹茲堡之外的關鍵地點，是一棟有溫暖木板的房子；通常整體故事也會偏向暖調。而後來電影製作方決定讓匹茲堡「冷」調一些，因為這樣他們對於故事的發展方向，可以有更靈活的選擇。因此如果加上冷熱的調性對比，就能協助區分出這兩個不同地點。

透過觀察製作設計師和電影攝影師的工作、場景搭建和拍攝開始的情況，便能讓早先準備工作付諸實踐。如果你已經確立某個標誌性的亮粉紅色，將作為整個電影專案的主題色調時，燈光師便可在其 LED 元件上測試色片或調整 RGB 設置，以便在整個專案中持續出現這種色光。

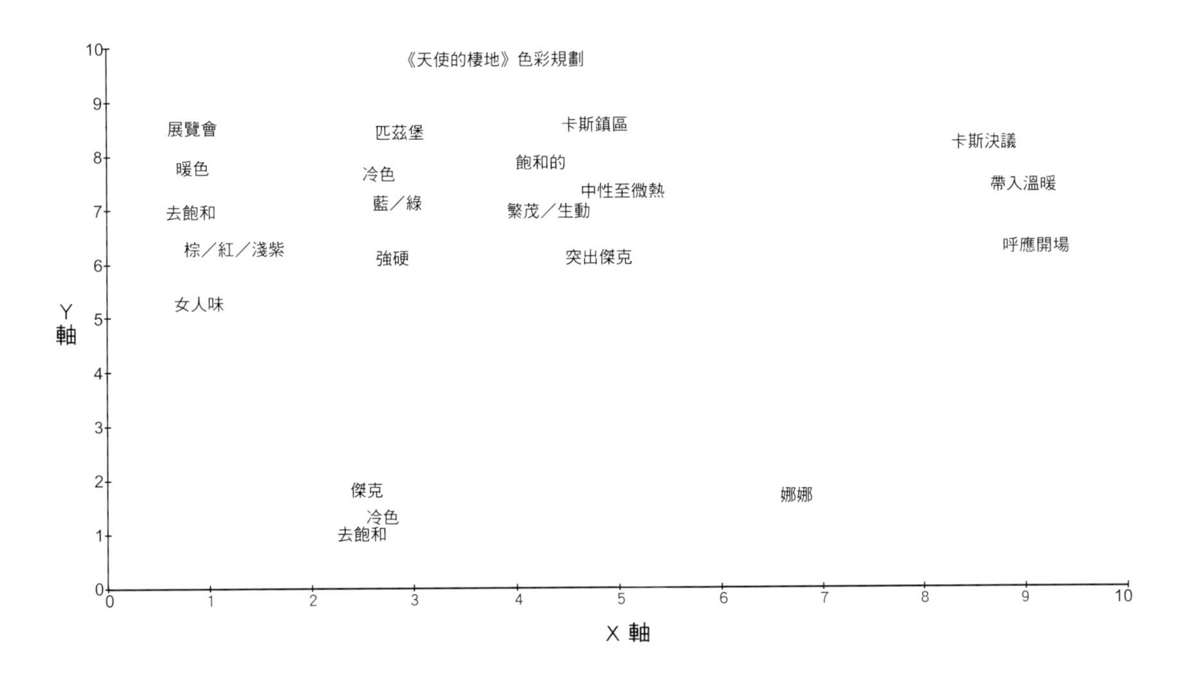

如果製作設計師能夠事先知道你想要一個高飽和度的開場，他們就會努力確保影像裡存在這些顏色、效果與必要元素。

當你追求的外觀或影像具有高度特定性或非主流情況時，整個流程裡的測試壓力越大越好。如果可能的話，請在製作前把顏色規劃筆記帶過來，以在專案內要使用的攝影機／鏡頭正確組合，並拍攝測試影片。在測試當天做好你的筆記，嘗試各種設置，以確定如何建立自己想要的外觀。請記住並非每台攝影機都用同樣的方式擷取色彩，如果你心裡有個標誌性的「亮粉紅色」，也知道使用的影片拍攝格式時，那麼「測試」整個工作流程，確保你可以實現這些規劃中的色彩，便是最重要的一件事。

客戶經常坐在調色工作室中哀嘆著「這不是我想要的那種橘色」，儘管我們有很多方法可以在事後進行修復，但最好的辦法仍然是確保在拍攝現場觀察與測試。請記住一點，你用眼睛看到的粉紅色，並不一定是攝影機看到的顏色。因此請集中精神，確保可以獲得想被攝影機記錄下來的訊息。

一旦拍攝專案完成後，先向剪輯人員展示這些視覺規劃，將會對調色有很大的幫助。不過通常在影片剪輯過程裡，會有其他更優先的事情要做，因此可能無法準確實現你的視覺規劃。在某些情況下，聰明的視覺設計決策，可以協助觀眾理解主題，或者預告即將發生的敘事事件，讓影片的剪輯工作更為方便。但是對於大多數剪輯師而言，更典型的情況是只專注於「故事行進」的剪輯選擇，而讓視覺結構屈居其後。如果某個本來應該是開場的鏡

頭，因故必須移到電影中間，也就是為了拯救整部電影而把視覺設計丟到窗外的話，你應該還是要說服自己接受這種情況。

雖然你的視覺設計指南 pdf 檔案，很可能並未在剪輯過程發揮重要作用，而這些剪輯人員，甚至可能從沒看過這本指南，不過它一定可以當成調色師進行有效對話的起點。

會議

希望你可以在會議開始之前，就已經備妥參考影像或設計規劃。如果可能的話，請先從自己的筆記看過關於整個專案的註記，「複習」那些你可能想嘗試的外觀操作，或自己觀看專案時所獲得的靈感。請記住，這是一種「協作」的藝術，客戶通常希望你能帶來一些好建議。先看完專案的定剪（locked cut），並且能在調色時侃侃而談，絕對是跟客戶合作的好起點。如果客戶知道到有時間提前觀看定剪的調色師，其實根本沒看完定剪，也無法一起暢快討論這個故事，一定會感到非常失望。

通常客戶抵達會議室之後，你會希望能夠一起從頭開始觀看整個專案，而且還要打開音量（但會小聲一點）。調色師在進行調色工作時通常會聽點輕音樂，而非影片的聲音部分（因為經常會循環播放影片，你不想一遍又一遍的聽到同一句台詞）。如果在開會之前都沒機會看到定剪的話，放出配音將有助於理解故事的所有細微差異。影片的顏色應該由故事帶動，而每個了解故事的機會都相當重要。

全部看完之後，通常大多數調色師首先確定要用作「標竿」（tent-poles、對照標準、原意為支撐帳棚的標竿）的一些關鍵片段，設計好這些片段的外觀和感覺，然後在這些片段與片段之間，進行更多調色以美化整體外觀。如果製作方可以在後製之前，先幫你確定好這些標竿最好，不過隨著故事在剪輯過程裡發展，這些標竿也經常會在後製過程裡有所變動。如果要使專案影片在一開始暖調但結束時變冷的話，你就要為這兩種外觀選擇一個標竿片段，然後朝著相對的方向進行調色，直到它們在影片中間相遇而調和，這會是建立整體調色的明智作法。

不過要注意的是，某些片段會比其他片段更難調色。這大概就是「創意」工作的本質，有些片段很容易完成調色，有些片段則很麻煩。許多調色師所用的策略是在觀看定剪的過程裡，儘早發現困難的部分，然後在設置標竿外觀時，把注意力集中在這些部分。

這些影片之所以棘手的原因，有可能是因為它們來自不同攝影機、曝光過度或曝光不足，或純粹與一般影片完全不同的情況，因此通常不能修得太誇張。如果你從比較簡單的段落開始進行，可能就會創造出跟較難片段相比，完全無法配合的戲劇性外觀。因此，從較難的片段開始處理，便可建立與較簡單片段相互匹配的外觀。

雖然對「較難處理」片段的定義，並沒有任何規定或快速的判斷標準，不過隨著時間推移，你也會慢慢產生在「首次」觀看定剪時，便發現這些困難處的能力。記得多注意焦點、曝光、色彩平衡和其他純粹技術上的問題。雖然在理想狀態下，最終剪輯版本裡永遠不會有失焦的鏡頭，但如果這就是最佳的拍攝效果時，通常也會是專案的正確選擇。不過即使是定焦鏡頭，有時也會影響調色完全「發揮極限」的能力。

如果與客戶一起工作的話，你通常可以提出問題，他們也會毫不猶豫地告訴你哪些是他們最關心的段落。儘管有時這些片段會因無法預測的原因而讓客戶覺得困擾（例如拍攝當天發生的某些事情，影響了他們的判斷，或某些表現細節，例如對髮型不滿意之類），但我們常會發現這些客戶所擔心的片段，也常會在調色間掙扎著。它們感覺就是「不像」專案裡的其餘部分那麼「正確」，因此要花大量的時間來與其餘部分的工作保持一致。

其他會帶來最大問題的片段就是「素材影片」（stock footage）和「接續鏡頭」（pickup shot）。素材影片雖然有助於擴大影片的規模感，但通常是被擷取進來的，也就是通常必須將素材影片做較大的調整，才能與其餘部分相互匹配。這在無人機拍攝時更是如此，因為它們通常會以較低位元率的壓縮格式拍攝，帶來很多「假影」畫面，因此在調色時很難推太多色調。

確定好開始作業所使用的標竿片段後，最好先花一點時間，探索這些影片片段裡的各種不同外觀和感覺。在頭幾次的色彩探索過程，可能會是一場相當緊張的經歷，因為你知道在自己的工作時間表上還有 200 段影片要看。一旦你花了一整個小時努力尋求第一段影片的適合外觀時，很可能就會在腦中計算著：如果看一段影片要花一個小時的工作時間，200 段影片就要花上 200 個小時。

不過在實際經驗中，過程裡最花時間的部分便是初期的探索性評估，亦即識別並鎖定專案的外觀。如果某部影片的工作時間是五天，通常你會花費一整天的時間來確定 10 至 15 段關鍵影片，然後個別調整這些片段，每段影片可能也要花上一個小時以確定理想的外觀，這是經常發生的狀況。

即使是在這個緊張的一小時之內，也請對工作保持開放的態度。剛開始請將注意力集中在影片給你的「整體」印象上；會太亮嗎？太黑？太暖調了嗎？太冷？沒錯，有時候要讓標竿片段實際產生作用，就要明確的介入操作，讓只會分散注意力的特定元素變暗等。不過在流程開始所進行的標竿片段調整時，比較明智的做法是避免複雜的追蹤、形狀或無法輕易轉換到其他影片上的各種操作。

如果有多個跟專案成果利益相關的人，可能會、也可能不會一起出現在會議中，那麼花一段時間來讓大家都能對外觀滿意，就顯得格外重要。如果是要在五天以內調完顏色的獨立創作專案（這對於預算較低的專案來說是正常的時間標準），那麼通常在第一天結束時（最好至少有導演和攝影師也一起在調色間裡），便可建立關鍵畫面的靜態影像，發送給製作人、執行製作，有時甚至是出資的金主，讓他們也能跟上進度。

不過這種作法最令人沮喪的部分，就是這些靜態的螢幕截圖，完全無法像在廣播級顯示器上看起來那樣美好。如果收到畫面的這些人是在海灘上的 iPad 上觀看，看起來當然不可能像在漆黑電影院裡從放映機投射出來的樣子。因此，最好用你最普遍調色的風格，擷取為這些想要通過「認可」的靜態影像。例如當你想用一些電影製作者可能不喜歡的褪色復古風格時，就早點給他們看相關的靜態影像，以便讓大家可以早點決定。不過如果是那些在廣播級顯示器也很難看到的細微差別，可能就無法出現在擷取的靜態影像裡。

在關鍵場景進行外觀的調色設定後，最好直接使用調色平台的內部靜態影像儲存功能，擷取那些靜態影像，才能比較影片與照片的差異。

會這麼做的原因，在於人的視覺記憶其實並不強。你可能認為自己在記憶視覺影像方面非常擅長，但事實卻非如此。所以每個主流調色軟體，都具有功能強大且易用的內建「靜態影像儲存功能」，以協助調色過程的進行，因為我們經常需要把即將處理的片段，與之前的某些片段做比對，以確保它們相互匹配銜接。

準備好「關鍵外觀」檔案夾之後，你就可以開始對所有片段進行調色的實際作業，這個過程通常是從第一個片段開始進行。大多數應用程式都可以讓你把「調色」結果以及所有套用的效果，轉貼到另一段影片上。把你為「標竿」片段建立的調色效果，貼到專案裡的第一個片段絕對是很好的作法。雖然可能不太有用，但也可能很合適，這也是開始掌控影片品質的好方法。

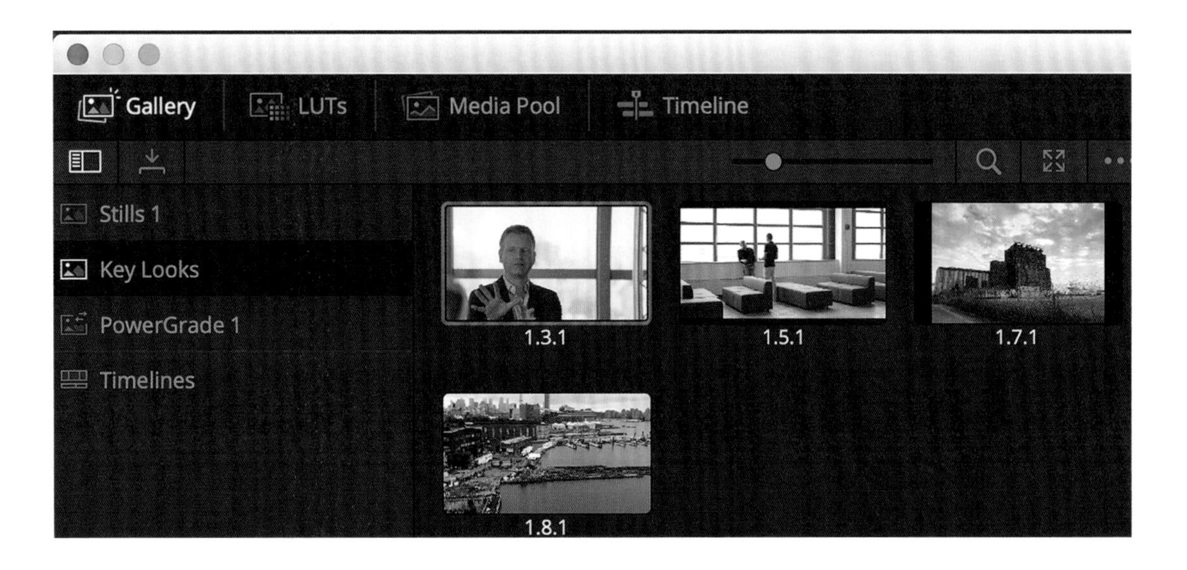

事實上有許多調色師，尤其是那些在時間緊迫狀況下工作的人，很可能會快速地將外觀複製並貼到場景裡的所有片段中，以「大致」了解整體情況。接著才開始深入研究每個片段，分別調整和修改每個片段。就算不複製和貼上這些外觀，只要一次「粗略的」獲取大致的素材整體外觀，然後重新進行修飾，也會是比較聰明的做法。

調色這行的誘惑之一，就是在每個片段裡都仔細挖掘每個細節。背景後面的汽車上有個讓人分心的亮點？畫個遮罩進行追蹤，然後把它調暗一點。不喜歡演員臉上的青春痘？把它蓋掉。一旦你對可以執行的所有技巧都有真實的操作感受之後，每當你看到鏡頭裡的各種「可調整」的事物，都會手癢不已。

然而只要先透過大略的快速調整，在每個片段上花費最少的時間，嘗試達到某種平衡，通常就可以節省大量的工作時間。因為一旦掌握了多數片段的大略外觀，並且多次瀏覽整個場景，就很容易發現明顯的錯誤。而在解決這些重大問題時，可能就會驚訝的發現，原先認為必須做的某些細節工作，已經不再必要。舉例來説，一旦整段影片結束在其他位置時，原先背景裡那輛車上的亮部干擾，就不再成為問題。又或者當你提高顏色對比時，演員的那顆青春痘便消失在陰影中。這種透過從「大略」觀看開始，並且將更多的時間花在片段與片段之間的關係上，最終將可讓你處在更有利的位置，確切的知道要「花」多少時間來磨某個片段，認真調整其細節。

不過在這類進行外觀的作業時，「先粗磨再拋光」的系統性作業，很容易會因整體特徵而忽略掉細節，因為專案龐大，以至於最後會忘記許多本來想做的小調整。因此不可避免地，有些必須實際注意的細節，便會從工作流程的隙縫裡遺忘。所以最好將這些外觀分解成多個大段落，然後一次對一個大段落的影片進行粗磨與拋光。如果是需要大量剪輯的專案（例如動作片），也可能會一次只在單一場景或同一系列片段上作業，並不斷地重新觀看同一組片段，這種情況也很常見。

養成習慣隨時「觀看」片段的播放非常重要，無論是一組三個片段、整個場面或整幕動作都一樣。因為在調色過程裡，你很容易在軟體暫停影片的靜止狀態下，落入花大量時間修整與微調影片的陷阱中。一旦你進行修改的速度越快，就應花更多時間「觀看」這個片段，以及放在一起的同一組片段，以確保自己確實看到影片銜接的進展。觀看修改後的「即時回放」非常重要，這是在確保影片會按照你所想要的外觀顯示出來，而且它們本來就是一個片段接一個片段接好的。因為這是電影，在播放時和靜止時的外觀當然不一樣。

隨著工作流程進展，逐步鎖定影片的各個區塊後，最後便可完整「掃」過整個專案。這是很棒的一刻，即使距離工作完成還差幾天，最好也要安排與電影主要利益相關者一起鉅細靡遺的觀看整部電影。你最好在調色作業養成一種習慣，亦即在完成調色截止日的前一天，甚至是調色截止日當天早上，進行一次「全面性」的監看作業。會讓你做惡夢的情況通常也來自於此，很可能你該進行的某個重大修改，在完整觀看一遍時才會意識到，但此時卻已經沒有重新調色的時間了。

早期的光化學調色流程裡，會先在一部稱為 Hazeltine 的色彩檢視器上進行處理、沖印，然後在戲院裡觀看影片，再把筆記本放在腿上，在觀看過程裡做筆記。在每次觀看影片之間，都會隔個幾天的時間，因此你每次觀看影片的時候，都能對影片有新感受。而現在的調色反應則更為靈敏，不過在完整觀看影片方面，仍能產生巨大的影響，而且這種方式的規劃，應該要比新手製片人想像的次數來得更頻繁。大部分調色軟體都能持續顯示時間碼，讓你方便做註記，當然也可以在時間軸上做記號，不過完整觀看影片，仍是確定調色工作範圍的最佳方法。如果可能的話，最好安排在周五下班觀看影片，因為這樣可以讓小組人員在下週繼續進行幾天的專案作業之前，有一個週末的時間可以消化。不過在後製流程緊湊的時間表裡，這種作法不一定排得進去。

測驗 2

1. 請說出至少一個中介編解碼器。
2. 哪種電腦遊戲硬體，可以用在負擔得起的「家用調色系統」中？
3. MOV 和 MXF 是什麼樣的檔案？
4. 「4444」中最後的「4」代表什麼？
5. 只測試一個影片片段夠嗎？

練習 1

請嘗試製作專案用的情緒板（mood board）。你可以用在本書以外研究過的例子，或打算用在以後的調色練習裡的專案為例，但請完成一個完整規劃，包括調色用的參考影像和調色的靈感來源。請考量並記錄你將用於塑造／構成調色的各種可能性。

技術

3

一級調色基礎

當你觀看某個片段時，通常會有直覺反應，例如「應該亮一點」這類感覺。在一開始的時候，學習如何把這些直覺轉化為調色平台中的動作，可能就會造成混淆，因為你要學習的是一門關於如何修改影像，建立所需外觀的「非直覺」語言。

「一級」（primary）調色是一個專業術語，指的是你對影像所執行修改整個影像的效果。例如你想讓所有內容更明亮、對比更強、更藍或更銳利的話，那就是一種一級調色。「二級」（secondary）調色則是僅對影像的一小部分執行調整的功能。舉例來說，拍攝當天是戶外場景，天空感覺太亮了？如果你用工具只選取天空的部分，那就表示你正在進行「二級修正」（secondary correction）。

這些色彩修正是在「技術 2」章節裡，所討論過的「節點」裡完成的。舉例來說，你可以建立節點 1 並進行一級修正，然後在節點 2 進行二級修正。不過有時也可能因為在某些軟體中，我們必須在特定位置進行修正而產生混淆。例如 Apple Color 是一種已經過時，但曾經很常見到的應用程式。它便具有一個「一級」選項標籤，然後有多達八個「二級」選項標籤，可以讓你對顏色進行調色。而使用現代基於圖層或節點的系統時，我們可以根據需求，把許多一級和二級效果套用在影片上，加總起來的顏色效果，就構成了我們所謂的「調色」。

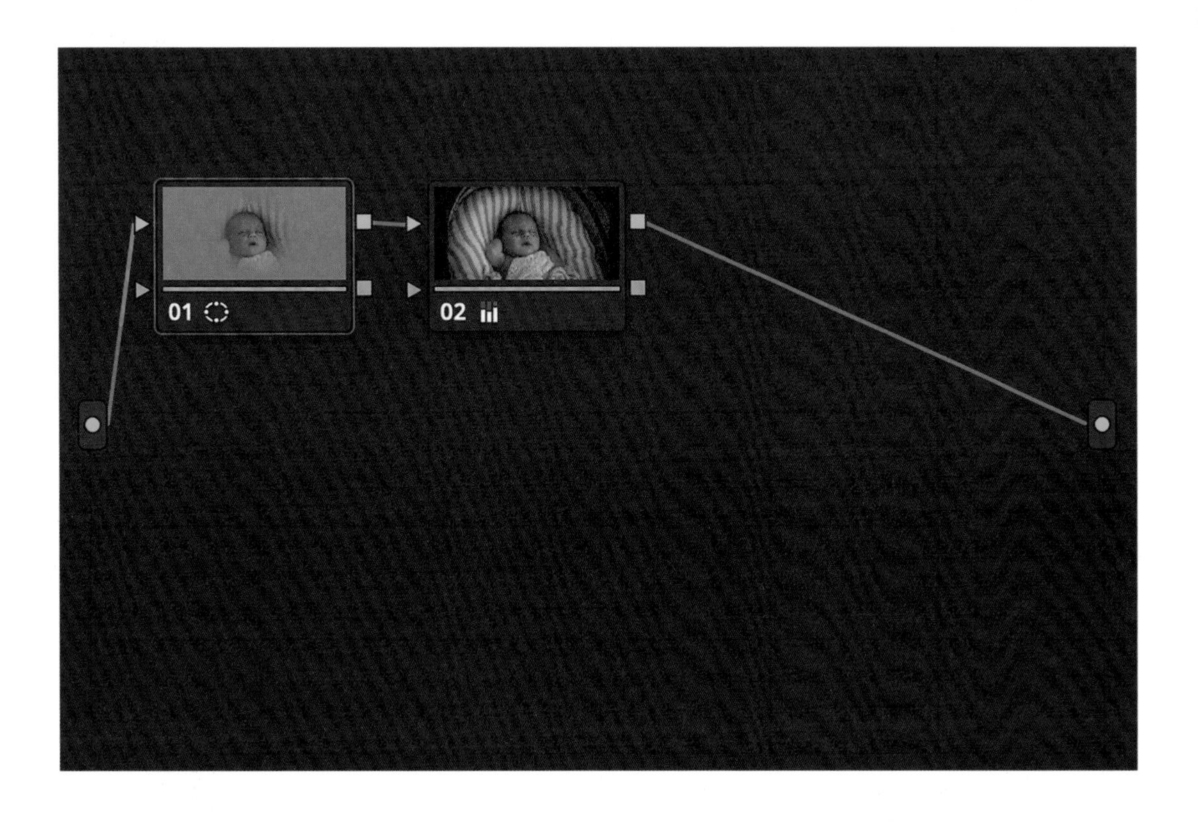

在一級調色過程裡，許多調色師都是從「軌跡球」（在調色台上）開始進行作業：亦即分別影響影像不同部分的色環和色輪。在某些平台上，你會看到這些標記為 lift（提升）、gamma（伽瑪值）和 gain（增益）控制選項，有時還會看到它們分別被稱為 shadow（陰影）、中間調（midtone）和亮部（highlights）。事實上在 Resolve 裡有這兩種不同的選項：lift／gamma／gain 和 shadow／midtone／highlights，在一級模式與 log 模式下有不同的操作方式（稍後會討論），但是這種區分在其他應用程式中，並不一定相同。

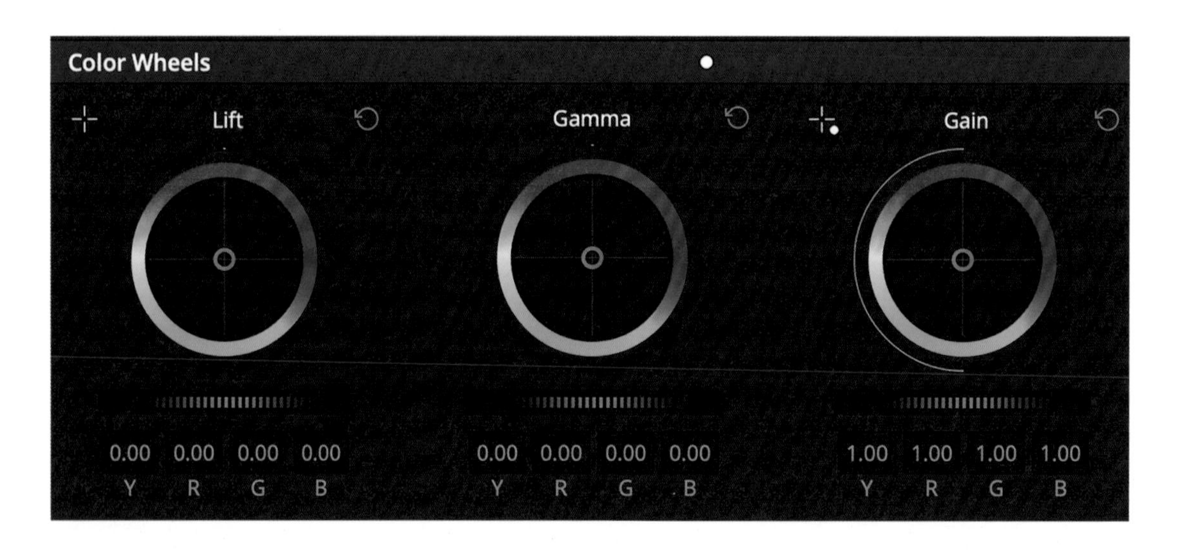

顧名思義，最左邊的 lift 控制器會提升和降低陰影（影像最暗的部分）。伽瑪 gamma 或中間色調轉輪和旋鈕，可以控制影像的中間調部分，而亮部 gain 控制器則能調整亮部。

在本書下載的補充素材裡，有一個可以帶入調色應用程式裡的灰階影像。雖然調色師很少會碰到調整純灰階的影片，但它有助於識別各種調色軟體上的 lift、gamma 和 gain 控制器如何處理你的影像。

載入灰階影像之後，移動 lift 滑桿（有時此選項會標示為「shadow」）。應該可以看到整體影像開始變亮，其中最戲劇性的變化發生在灰階的最暗部分（陰影），對明亮的部分（亮部）發生的影響很小，而中間調也有了一些變化。陰影相對於亮部是劇烈「縮小」的，亮部則維持在原位不動。

現在，請試著對中間調和亮部進行相同操作，你會發現類似的效果。控制器不僅會影響特定區域，還會拉伸影像的其他區域，就像捏一個有彈性的織物一樣，會連四周一起牽動。

這是「還原」功能介入的好時機。每個調色軟體都具有各種「還原」的功能，而且大部分軟體都還提供一次還原許多個步驟，或者一次還原整組操作的功能。而 lift、gamma 和 gain 這三者在每個選項旁邊，通常都會有某種「還原步驟」的按鈕，如果使用傳統的「command-z」還原操作，便會逐步回復你所建立各個步驟，甚至回到未受影響時的影像。

某些軟體，例如 DaVinci Resolve，提供了可選擇的「一級」調色模式，也就是大家知道的 log 模式。如果你的軟體支援這項操作，請立即切換到 log 模式，原先 Resolve 移動的 lift、gamma 和 gain 滑桿，現在便稱為 shadow、midtone 和 highlights。你應該有注意到在 log 模式下，受影響的區域現在會受到更多限制。舉例來說，移動 highlights 現在應該只會影響亮部的顯示，而不會動到中間調，這也是選項名稱不同之後的轉變。

為確切地了解到底有何不同，我們必須介紹兩個用於分析影片訊號最常用的工具：波形監視器和向量示波器。

前面說過，人類並沒有很優良的視覺記憶。而最重要的是，事實上你的眼睛並非最準確的視覺系統。如果你在黑暗的房間里待了夠長時間，瞳孔便會逐漸張開，讓更多光線進入，這點也將影響你詮釋事物外觀的能力。在調色間工作也是如此。當你工作時，如果顯示器上的影像變得越來越暗，你的眼睛也會逐漸習慣，而不會注意到影像到底有多暗。即使是經驗豐富的調色師，也必須不斷注意自己的情況，以確保不讓眼睛因特定場合而適應，因此白天在建築物外面的定期休息，會對視力的恢復有相當幫助。

客戶經常會在一大早跑來調色間，而且第一件事就是告訴你，他想讓影片看起來有「沉重」的外觀感受。但是當你的眼睛已經適應原來的外觀時，就必須讓它感覺「更加」沉重才行，因而導致強迫「適應」的情況變得越來越嚴重。在一個忙碌而又沒有戶外休息時間的早晨工作後，當你經過長時間的午休，第一次回調色間坐下來再次觀看影片時，影片通常會顯得異常極端或詭異，因為新鮮飽滿的眼睛，難以適應剛剛的「沉重」外觀。

除了要盡量在不同的照明環境裡頻繁的休息之外，軟體也提供了許多工具來評估數位影片訊號，協助我們瀏覽動態影片的影像建立過程。這些工具一般被稱為「示波圖」（scopes），它們既可以作為獨立的硬體組件，也可以用軟體內部視窗來顯示，以便為我們提供關於眼前影片訊號的中性、無偏差的訊息。

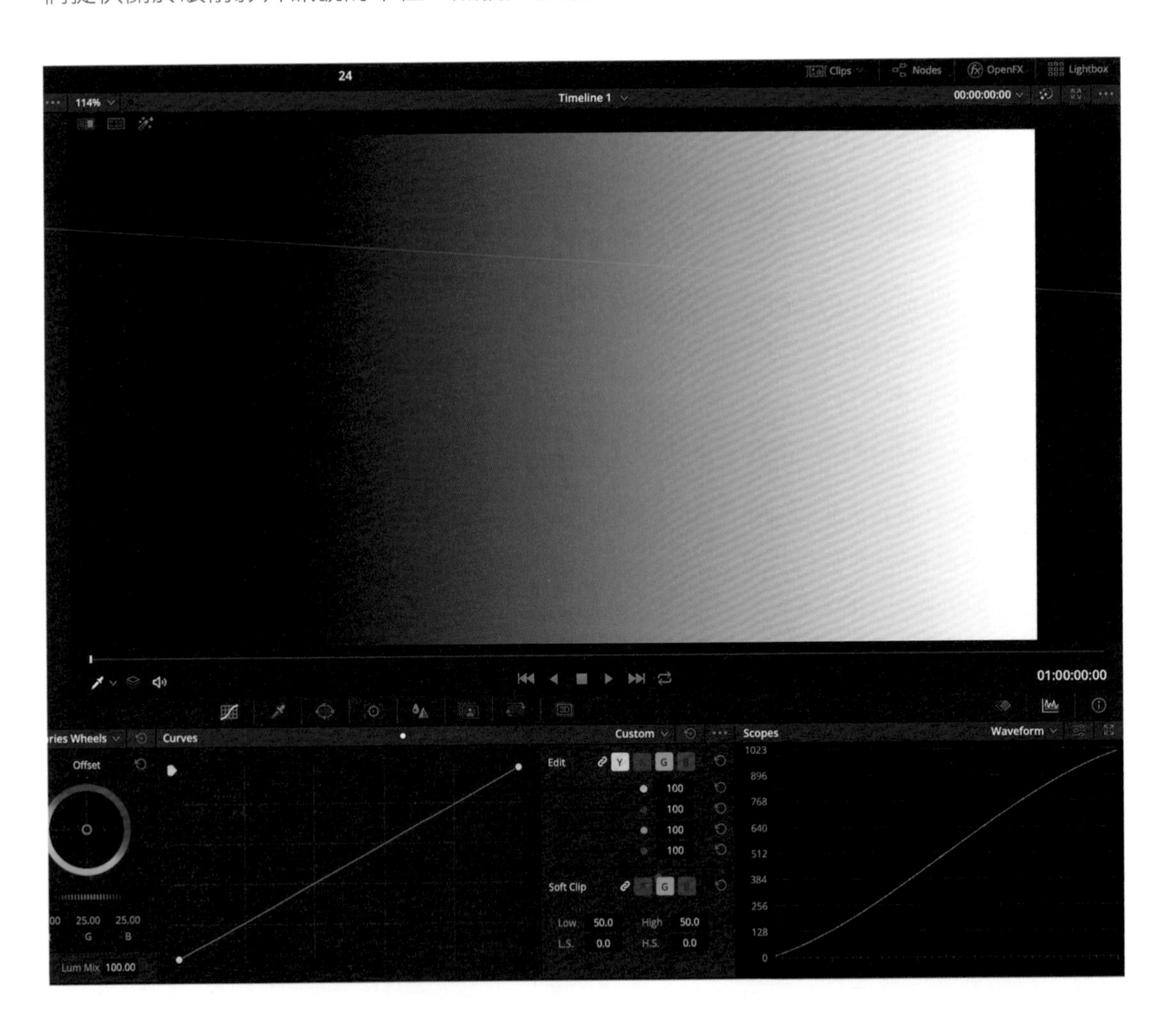

雖然有些人過度關注在示波器上（有時你可能會聽到某些調色師，吹噓他們完全不靠示波器工作，但這是不專業且不太可能發生的事），但若想達成你所追求的美學目標，便請不斷的快速查看一下示波器，這是確保工作完成的重要作法。

影片示波圖分析有很多種選擇，但是在調色流程中經常依賴的兩個最常見選項，便是波形監視器和向量示波器。它們是完成整個工作流程的主力，正確理解它們如何運作以及如何讓你得到好處，將會讓你的生活更輕鬆，並節省大量浪費掉的時間。

波形監視器就是在一個方框裡，將場景的亮度映射為軌跡的高度，然後從左到右映射影像的亮度。示波圖上的高度，跟影像的高度完全無關，只跟影像的亮度有關。例如在此灰階影像中所見，示波器建立直接相關的直線光。如果旋轉灰階，便可看到在向量示波器內的變化。

另一種不同的波形監視器是「彩色檢視」（parade view）。數位影片由三個訊號（紅色、綠色和藍色）組成，其原因將在下一章有關「加色系統」（additive color system）的內容中討論。Parade 示波器就像是把三個波形擺在一起，分別為具有紅色、綠色和藍色影片訊號的軌跡。大多數軟體類的調色平台，都可以將它們轉換為各自代表的顏色，這對你學習其功能非常有幫助。

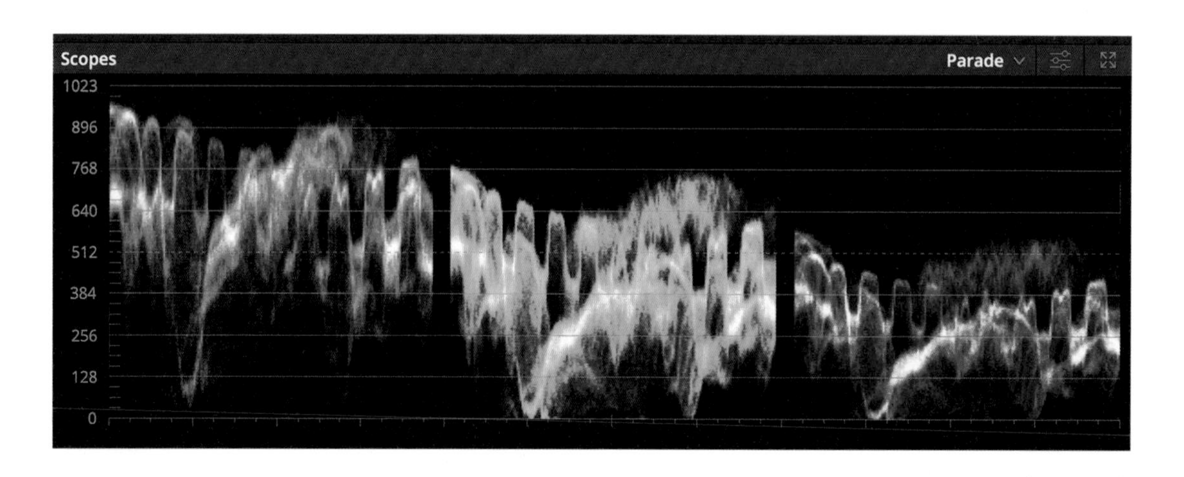

波形監視器在評估曝光情況時特別有用。調色師可能會用到的典型功能之一，便是很簡單的調整對比。可以使用「曝光輪」（exposure wheels）或「直接對比度控制器」（direct contrast control），將軌跡線的頂部置於示波器的頂部，將軌跡線的底部置於示波器的底部。請使用隨附連結所下載的「flat grayscale」（平坦灰階）影像，立即測試一下。

Parade 示波器提供了相同訊息。在此檢視下，你應該能夠看到各種顏色通道抵達頂部和底部的情況。灰階影像包含相同數量的所有顏色通道，因此它們會同時抵達灰階的頂部和底部。

如果打開隨附下載的「暖灰階」（warm grayscale）影像，並開啟 Parade 示波器，應該很快就看到這三個軌跡線並不匹配。由於影像是「溫暖的」，顏色偏向了紅色／橘色，因此你在紅色通道上看到的示波圖，應該會比其他兩個通道上的示波圖更高。

這裡也是練習使用彩色軌跡球的絕佳時機。對於我們進行的三個主要修正（lift、gamma、gain，或在 log 模式下的 shadow、midtone、hilights）的每一個選項來說，除了提高亮度的滾輪外，還有一個軌跡球可用來影響色彩。這些軌跡球是依據傳統藝術家的色環所設置，旁邊會有互補色。因此，透過將軌跡球從紅色移開，便可將其移往色環的另一端，也就是藍色。請試著同時使用中間調軌跡球以及亮部軌跡球，應該就會看到 parade 中的軌跡線開始彼此平衡。把藍色增加到紅色上，將使其趨於平衡，亦即變灰色。如果繼續下去，便可越過灰色，然後逐漸開始為影像加入藍色。

僅使用彩色示波器，便可為在拍攝時或許沒有達到完美平衡的影片，提供大致上的「平衡」。如果影像太藍了；輕微的調整便能讓影像很快達到正常的色調。

你的調色軟體可能還有「offset」（偏移）控制器，它可以一次性的影響整個影像。儘管這算是一種功能強大的工具，但就人類視覺系統的觀點而言，我們並不會在現實生活裡的陰影區域，看見大量的顏色。

當你環顧四周時，可以注意到深色陰影對人眼來說基本上並沒有其他顏色。使用 offset 控制器會同時影響陰影、中間調和亮部，而且經常會導致陰影裡出現你不想要的顏色，因此請務必小心使用。雖然彩色陰影可能是種不錯的創意效果，但為了避免發生這種情況，調色師通常會在一開始，使用 midtone 與 highlight 軌跡球來消除色偏，以避免把顏色推到陰影中。然而如果色偏完全是由顏色失衡所造成的話，此時調整 offset 便可讓顏色快速恢復正常。如果色偏跑到陰影裡頭，你可以透過查看波形監視器的底部，應該非常明顯可見，因為顏色軌跡在陰影中會彼此失衡。只要觀察軌跡線底部並加以平衡，即可避免這種情況。

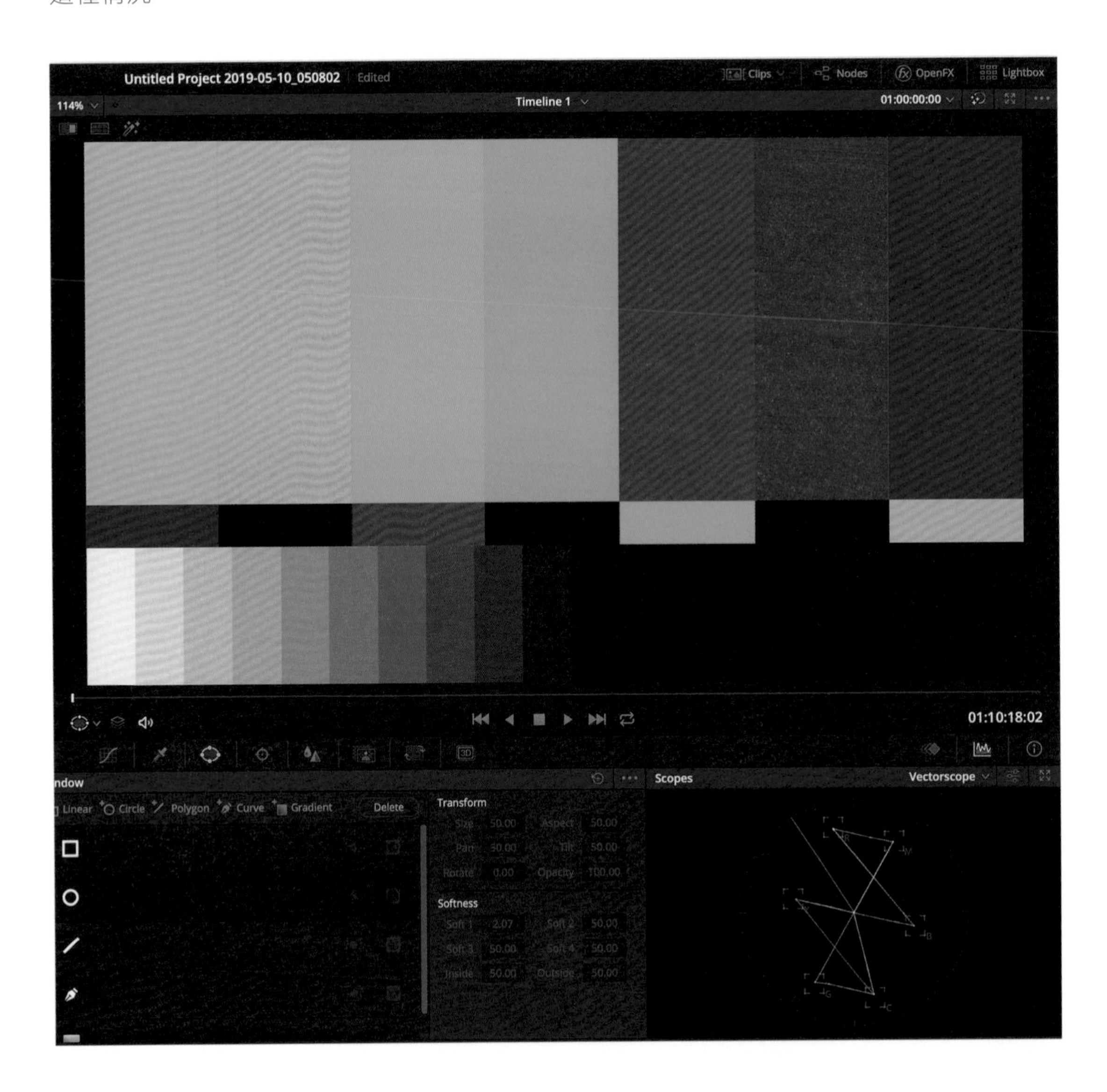

除了 parade 之外，還有另一個工具專門用於分析影像的色彩平衡，也就是向量示波器。向量示波器專門用來評估影片訊號的色偏（color cast）和色散（color spread），根據檢視的不同，你應該可以在向量示波器中，打開每種主要顏色的目標（紅色、洋紅色、藍色、青色、綠色和黃色），然後查看裡面繪製出來的影像軌跡，應該就可以讓你對向量示波器的工作原理有所了解。當影像停在「灰階」影格時，你應該只會看到一個小點。然而打開「暖灰階」以後，如果把剛剛平衡過的調色打開和關閉的話，應該就會看到軌跡線移近紅色／黃色。距這些目標點越近，影像就越飽和。

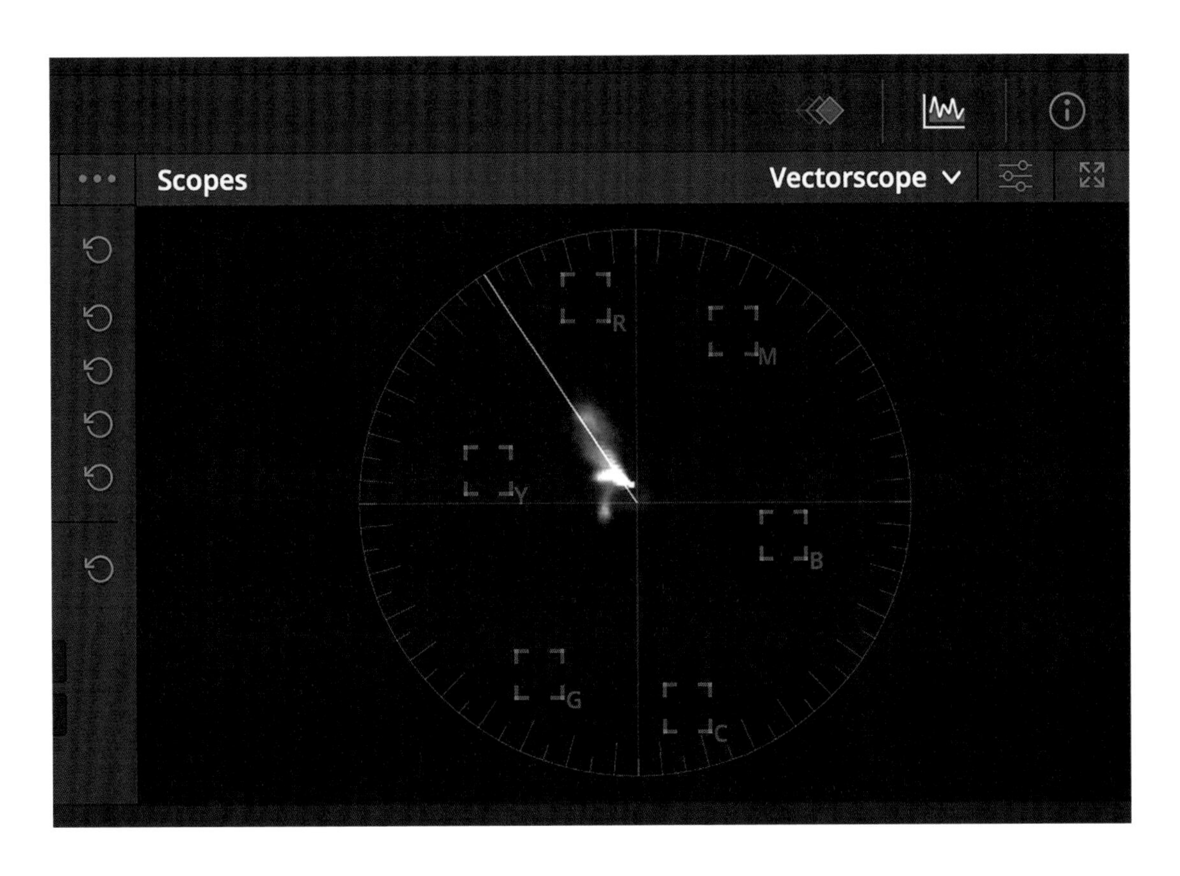

這就是為何電視檢驗色條（color bars）如此排列顏色的原因。如果打開「bars」影像，就會看到這些「點」，讓每個顏色目標都變亮。這點也可以讓你知道自己的調色平台，已經正確顯示了這些色條。向量示波器另一個引人入勝的地方，便是它通常會啟用「膚色」（skin tone）指示線，讓我們知道大多數人的膚色落在頻譜上的位置。雖然不同種族的人，膚色通常會具有不同的亮度，不過他們的膚色會傾向於落在相同的色相（hue）附近，而且差異很小。啟用膚色指示線，在畫面裡有人出現的時候尋找膚色痕跡，便是檢視調色成效的好方法。

現在應該來探索一些具有各種色彩平衡，以及不同亮度問題的影片了。例如用了錯誤的設置所拍攝的影片，或是因為其他因素而導致不正確的影片時，請嘗試使用軌跡球和滾輪來加以平衡。或許你很快就會注意到，在適當平衡後，這些片段通常看起來顯得平淡無奇。除非影片主題特別強烈，否則完全中性擷取的視覺影像，通常會少了點「味道」。從良好的中性調色開始，便可以為準確掌握影片內容，以及如何操縱影片色調提供基礎，不過在調色過程裡，並不要求每次都這樣做。

除了 lift、gamma、gain 等控制器之外，許多軟體平台還會有 tint（色調）、white balance（白平衡）、contrast（對比，亦即從黑到白的整體範圍）控制器，以及許多你也都應該探索的整體控制器。White balance 會在橘色／黃色和藍色／青色軸上推動影像的顏色，tint 則在綠色／洋紅色軸上推動影像顏色。在這些基本控制器之間，你便會發現可以建立出各式各樣的影片外觀。

不過值得注意的一件事是調色的「限制」。當你更進一步推動控制器時，很可能會在影像的不同部分看到一些假影。放大畫面的某些部分後，可以注意一下把控制器推到極限時將會如何。口味較重的後製處理，往往會加劇影片裡未注意到的缺陷，因此每個調色師在進行專案工作時，都必須不斷地尋求平衡之道。

加色基礎

藝術

3

影片工作流程裡，我們使用的是「加色系統」。每個像素都可以顯示紅色、綠色或藍色的像素，並以不同的亮度在螢幕上發亮。這些顏色組合在一起，便形成了我們在影片的影像中所看到色彩豐富的帷幕。加色系統有時也用於舞台燈光，在舞台燈光中，有色光在舞台上混合時，也會形成新的色光。

「減色系統」是另一種顏色系統，用於用色片照明（其中色片會從白光中減去顏色），或是用顏料印刷和繪畫時都是如此。減色系統使用不同的三原色：青色、洋紅色和黃色。不幸的是，在北美地區，這兩種顏色系統在兒童早期教育中，往往沒有解釋清楚，因此經常在日後的生活裡產生困擾。

使用加色系統時，當所有三種顏色「全滿」時，加在一起便可獲得中性白光。加色系統中的三原色裡，每一種都具有互補色，這些互補色恰巧就是減色系統中的原色。互補色的作用等於相反，也就是如果這兩種顏色的份量相等，將會顯示為中性灰色。舉例來說，如果你的影像看起來太紅，在其中增加青色後，便可讓顏色逐漸轉灰，當然最後一直加下去就會變為青色。

了解互補色成對的特性，對於掌握調色過程非常重要。在處理影像的每個環節裡，你都將在顏色及其互補色之間維持平衡，以嘗試為場景找到正確的顏色值。

舉例來說，在日光燈下拍攝的影像通常會偏綠。這是因為商用日光燈（相較如 Kino-Flo 的專業電影日光燈來說，並沒有這種問題）即使標有「暖白」或「冷白」的日光燈泡，在光譜上仍會看到綠色峰值，因為這是廠商創造光線所產生的結果。我們可以透過在場景中增加洋紅色來抵銷這種色偏，方法是透過「tint」控制器來完成，這是必須小心使用的重要色軸，因為不管在任何一個方向上推太遠，都會令觀眾感到不適，並且會使膚色不協調。當然，你也可以選擇用這種特性來產生戲劇性的效果，但你應該時時提醒自己，傳統上要求的色調必須是中性。

因此，要擺脫這種綠色日光燈的困擾，請從綠色推往洋紅色。某些調色新手想到的是「讓綠色去飽和」，但這種作法會使影像感覺缺少顏色。如果你本意如此當然可行，但如果你想要尋找原本就具有的、充滿活力的影像，用這種作法並不理想。取而代之的是，我們應該找到平衡點，沿著綠色／洋紅色色軸緩慢移動，直到找到綠色消失的最佳時機，且不會在影像中增加過多可見的洋紅色。

在下面的影像裡（下頁上圖），我們看到清晰的光線打在這些「談話」角色上的場景，讓他們可以從頭頂的日光燈光線下「跳」一些，不過我們仍然可以看到光線稍微偏綠了。要去除綠色色偏必須增加洋紅色，而要平衡到正確剛好的點，可能有點棘手，通常也要繪製局部形狀才能辦到。在下圖的影像裡，窗外出現了額外的洋紅色，當然主要是陽光而非日光燈造成。後製作中有很多工具可以處理這種「混合型」的照明環境，但如果能在現場解決當然更好。

另一個調色主軸是暖色／冷色軸，範圍從「暖」（紅色／黃色之間的橘色）到「冷」（藍色／青色之間的藍色）。此軸的顏色光譜較能允許相當程度的實驗和變化，原因是在現實世界中，原本就會在此色軸上有著極大的差異。

我們在暖／冷軸上測光使用的是色溫 K 值（Kelvin 的縮寫，也就是當加熱到各種溫度時由「黑體輻射」所得到的光的顏色），K 是溫度單位，與攝氏溫度相同，但其 0 度為「絕對零度」。日光燈通常被認為是 6500K，但事實上在光譜上偏向藍色的部分更多一些。

訣竅在於人的視覺會很快適應色溫失衡，會一直努力調節色彩平衡，以便可以看到更多訊息。如果在調色應用程式中引入色彩繽紛的場景，並朝著暖調或冷調的方向拉得太遠時，就很容易看到系統性調色的結果，並無法適應環境光的色彩平衡，或對其進行修正。「平衡」的觀點使人類更有能力區分什麼食物能吃，或是陰影中是否存在著掠食者，而為我們提供了「進化優勢」。請觀看例圖影像，一側為中性，另一側則是「錯誤」的色彩平衡。例圖中，襯衫的顏色顯示不正確，因此不平衡的一側上，能提供的有用訊息也會較少。

因此儘管日光非常藍，但人類演化了一種系統來加以忽略，以便適應環境。事實上，白天的顏色一整天都會急劇變化，根據照明情況的不同，日照可能低至 5,000K，最高則可能達到 10,000K 或甚至更高。

最重要的是，人類所擁有的火光，有著令人難以置信的「暖調」，有時會低至 2,000K。由於人類已經歷過數百萬年的歷史，其間的藍色和橘色光、冷光和暖光都在不斷變化，因此人們通常不會強烈反對在此軸上的微小差異。我們的眼睛也會將很快把它們「調回正常」。

身為調色師在處理 raw 檔影片時，了解色溫的概念尤其重要。通常 raw 檔影片可以讓你用「color temperature」（色溫）和「tint」（色調）這兩個控制器，重新平衡攝影機擷取的色彩，色溫控制器的範圍區間從 2,000–10,000，tint 控制器為任意數值（-100 至 100 或類似數值）。這也清楚的提醒我們，在暖／冷之間會存在更多變化（而且我們為了測量，還建立了一套專屬系統），而綠色／洋紅色的變化比較不常見，因此我們使用的是與物理現實無關的任意數值系統。

調色師可以使用的最強大的工具之一，便是互補色的另一種現象：亦即將互補色放在一起，會使兩種顏色看起來都更加飽和。這點跟人類視覺系統「平衡色偏」的過程有關：當你擁有壓倒性的藍色影像，但畫面中有一個很小的黃色元素時，便會讓你的視覺系統充滿訊息，防止其「平衡掉」藍色。

事實上，關於這點最該擺在第一位的，不是在調色間和後製，而是在拍攝期間的場景設置上。如果你看過電影《王牌冤家》（*Eternal Sunshine of the Spotless Mind*），這部影片以其寒冷藍色影像風格而聞名。不過如果我們用「配色師」的角度，再次觀看這部電影時，便會發現在畫面裡出現許多黃色、紅色或橘色的「參考物」，用來防止觀眾的眼睛「平衡掉」藍色。只要提前在視覺設計一整個連貫的規劃，然後努力在現場放上這些東西（例如在開場片段放的這個橘色花瓶）。這種拍攝前的場景事物規劃，讓後製團隊的工作變得更為容易。你可以在場景裡設置這類物品，或在畫面裡圈住現有的東西，例如在火車站裡保持在畫面內的黃色方塊（下頁）等。

《王牌冤家》劇照、*Eternal Sunshine of the Spotless Mind* (2004)

《王牌冤家》劇照、*Eternal Sunshine of the Spotless Mind* (2004)

正如我們將會在後面有關曲線、形狀和去背的章節中討論的，你可以透過多種方法，在後製中同時建立色彩對比，以增強或維持飽和度。其中一種常見的技術是把亮部和中間調或陰影，推到色輪的互補位置。這樣一來，可以參考的不僅是畫面中的物件，可能出現在某人的臉上的陰影，也可以提供配對以增加色彩感，而不必將畫面中的實際飽和度調高。

這當然是好萊塢大片愛用的「orange and teal」（橘色和青綠色）的美學來源。由於人的膚色非常接近橘色，因此在影像的陰影部分放置一些藍綠色／青色色偏非常好看。橘色亮部和冷藍陰影之間的並置對比，讓影像在某種程度上變得突出，沒有經過這種顏色的對比調整便不可能產生。這種外觀當然同樣需要在拍攝時的一些聰明設計，但其特別之處則是在後製流程中執行。

我們會在下一章中討論的其中一種調色技巧，是將冷色調放在陰影或中間調「之間」，而非放在陰影或中間色調「當中」，以保留「飽滿的黑色」（不使用色偏的方式），且同時仍保留我們所想要讓顏色「跳出來」的特點。

此技術也經常用於黑白調色中，藉由在亮部部分放置一點暖色調，在陰影放置一點冷色調，以便在影像中建立更強的深度感。

測驗 3

1. 請說出三個互補色對？
2. 哪種影片訊號分析工具通常會有膚色線？
3. 哪種影片訊號分析工具會分別顯示色彩通道？
4. 哪種調色模式使用「陰影、中間調和亮部」等術語？
5. 測量暖／冷色軸上的色彩平衡會用什麼單位表示？

練習 2

請打開「TECH3」檔案夾，並練習適當平衡每個片段，接著練習加強更為「個性化」的調色。從中性色調平衡開始，探索各種調色選項，包括想讓影片看起來像什麼，或讓它們看起來更具表現力。

配色

技術

4

「匹配」（matching）是調色師行業所需熟練的關鍵技能之一。電影是由各種照明條件下的影片集合而成，儘管攝影師當然會盡最大努力，確保能夠提供盡可能一致的拍攝影片，但是所有場景下拍攝的片段，並不可能達到顏色完美相互匹配的情況。

正如為專案建立色彩規劃的章節中所提，最好的方法通常是從「最難」拍攝的片段開始，預先為它們「設計」好場景、連續片段或整個專案的外觀，因為這些片段是最難配色的部分。曝光不足、焦距不佳以及對比度過高的影片，都無法給你足夠的靈活度來更改其外觀，因此調色關鍵就是先從這些片段開始。

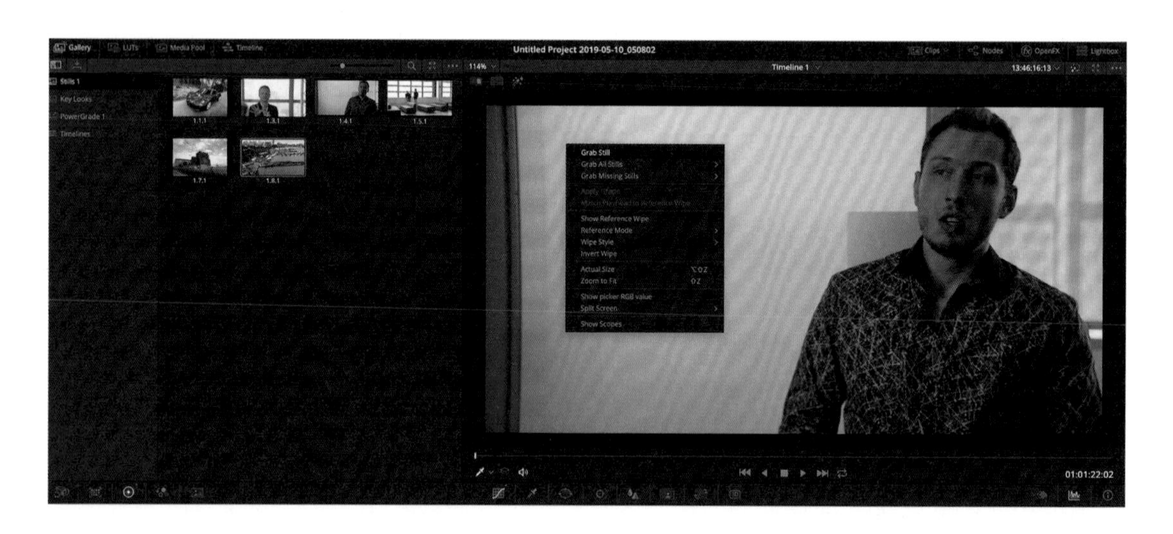

一旦為它們建立「外觀」後，你必須擷取這些片段的靜止影像，然後開始對其相近的片段進行處理，讓它們也能跟你心中的理想外觀更為接近。幾乎所有的調色軟體都具有某種方法，把現在進行的「調色」操作，複製到其他片段或靜態影像上。雖然有時這種作法可能會帶來麻煩，但這是在深入研究更深層的作法之前，「測試」各種影片效果的一種完全可接受的方法。許多調色應用程式還可以把不同片段連接在一起調色，加快工作流程。舉例來說，如果製作的紀錄片會不斷切入同樣的採訪片段，那麼我們當然可以在每次採訪出現時，複製之前的調色並貼到這些影片上。但如果可以將它們連結在一起，更可對所有片段進行一次調色，這樣其餘相同場景片段便可自動獲得調色，節省大量的時間。在下面的例圖（下頁）裡，粉紅色的指示器指出這兩個片段來自相同的影片來源剪輯，表示 Resolve 將自動對它們套用相同的調色操作。

調色應用程式向來有個相當不錯的功能，即如果你使用「分割畫面」的工具，把正在處理的新影片與靜止影像進行比較，則示波器上也將相同顯示分割畫面的內容。儘管亮度或色偏的較大差異會立即顯現出來，但有時也會因為難以判別的原因，而使影片看起來不太匹配。此時只要檢查示波器，便能協助你很快看到是否由於某些技術原因，例如輕微的色彩平衡無法匹配的情況。儘管你的雙眼並未察覺，但從示波器顯示上，可以很容易地進行修復。

從另一方面來看，過度依賴示波器配色是很危險的，原因在你第一次嘗試用示波器確定調色的時候就會發現。例如若在黑暗的房間裡對演員拍攝了某個片段，而在對話側所拍的片段裡，恰好在場景裡角色的頭部後面，有一扇正對著鏡頭的窗戶，這種情況當然很難用示波器來精確調配顏色。與本書其他地方所談到的一樣，示波器在你了解它們的工作原理，並對它們有足夠的了解，也知道哪些數據有用、以及哪些數據要忽略時，才會是一個有用的參考指南。

調色師早期工作的一個有趣現象，便是會傾向於花很多時間把機器「暫停」，並在靜態顯示的兩張照片上調整影像色調。雖然有時候把機器暫停在靜止影格上很有用，但請記住這段影片將來絕對是以正常速度播放來觀看。請從匹配靜止影像的顏色，改為在導入的片段前放置 I（用於 in 點標記），在下一個接續片段之後放置 O（用於 out 點標記）。此外，循環播放三個片段，也是應該盡快養成的好習慣。藉由循環播放「接續」片段、「目前工作中」片段和「導入」片段組合在一起，便可更容易發現影片顏色不匹配的情況。暫停的靜態影像似乎不容易在流暢的影片接續過程裡匹配顏色，因此原先在靜態影像上搭配完美的色調，可能突然就需要進行更多調整。

在電影製作中，一個片段經過多次重複拍攝相當常見，因此重複播放影片也是確定片段實際匹配程度的最佳方法。大多數調色應用程式都有一項很不錯的功能（尤其是使用硬體調色台時），就是能夠在影片一邊播放一邊進行修改的功能。這項功能對於一邊進行作業，一邊作細微調整時非常有用，當然你仍需要仔細確保正在查看的是正確的節點，也將這些修改套用於必要位置。多數應用程式會還原到你所處理的最後一個節點，舉例來說，如果你要更改「整體」一級調色，便應確保已將調色範圍重新設置給一級調色之用，而非繼續使用僅影響部分畫面的節點。

上面的範例可以證明影片在靜止時，看起來並不能良好配色，但在播放中調整的效果很好。在靜態影像中，背景中的粉紅色塊（來自主畫面佈景中的實際物件）與另一側的綠色色塊相比，絕對會分散掉觀眾的注意力。而一旦影片開始移動，演員身上類似的照明和色彩平衡，便可良好匹配，而且可以依剪輯「流暢地」繼續微調。但如果是在靜止影像上，你可能就會把時間浪費在嘗試平衡這個無關緊要的粉紅色塊元素。

調色軟體可以讓你選擇在移入新片段時，將要重置哪個節點。雖然多數時候最好都回到最後一個節點，但有時在對專案進行全面性「最終檢查」時，把系統切換到「對序列裡的第一個節點產生影響處」（也就是二級調色所在的位置）會比較方便，讓我們可以在最終觀看時進行些許整體性調整。

在紀錄片專案中常會遇到一種情況，有時是在較傳統的小說敘述形式電影中會遇到的情況，亦即在同一次拍攝中，光線發生了明顯變化（通常是因為動到光圈或太陽躲到雲層後面）的色彩匹配作業。舉例來說，假設第一助理攝影師，在導演最喜歡的那個片段拍攝期間，不小心動到了光圈轉環：儘管這種情況很少見，但確實可能發生。通常導演與攝影師自己就會注意到這件事，可能也已經補拍了另一個片段，但是導演還是想測試一下，看看調色師是否有辦法處理他「最愛的」那個片段。

這裡所牽涉到的技巧，會比表面上聽起來複雜許多，因為曝光並非會隨光圈變動的唯一變量。當光圈改變時，景深以及鏡頭的成像特性也會跟著改變。對於許多電影鏡頭而言，光圈全開時會失去一點銳利度，因此，如果助理攝影師動到的是從 2.8 到 1.4，則影像的「畫質」（包括銳利度）將會降低。此外，正如我們在其他地方所討論過的，把影片色彩推得越多，數位「假像」就越明顯（包括雜訊或顆粒感）。因此，當你開始推某段素材時，經常會看到影片的紋理發生變化。

與往常一樣，無論過曝或曝光不足，都要先找出畫質「較差」的部分，然後從那裡開始進行調整。一旦你將片段按自己的喜好完全調色後，接著擷取一張靜態畫面，將其移到同一片段不同光圈值的另一側，然後將關鍵影格放在變更的兩側，並盡可能靠近鏡頭曝光改變的開始和停止位置。接著在分割畫面使用靜態畫面，再利用 lift、gamma、gain 等工具，盡可能接近的匹配曝光。但不只調整這些部分，也要考慮到主要內容的細節、銳利度，甚至在影片上的雜訊等（或是在影片曝光「較差」的部分，使用在下一章將介紹的雜訊修正），讓影像的兩個部分能夠盡量匹配。

接著循環播放片段，並逐步移動關鍵影格，直到幾乎看不到或完全看不見過渡的瑕疵為止。除非你已經習慣設置這些關鍵影格的位置，否則很可能會在開始設置關鍵影格時，過於接近或相距太遠，需要進一步調整。但只要經過一段時間的練習，應該就會為自己能夠將這些片段「無縫」組合在一起而感到驚喜。

雖然我們有辦法調整曝光過高或不足 2 至 3 檔，但這並不是想讓電影導演養成習慣，認為他們可以因為趕時間拍攝而輕忽曝光的工作。

如你所見，要使這些「偏差」的片段看起來更好，還有許多的工作必須完成。而且也要確保自己在作業時能有更多彈性與調整空間，以確保流程裡的曝光作業維持正確。

儘管我們可以進行這種動態的曝光修正，讓觀眾不會注意到我們平順地調整過影片裡光圈的變化，但片段裡這種「喀噠」跳動的光圈，在許多單眼型攝影機中是很常見到的瑕疵。由於「喀噠」跳動的曝光變化，會讓影片從前一影格到下一影格明顯變亮或變暗，所以使其完全「隱形」幾乎是不可能的。因此，我們所能做到最好的調整，便是讓跳動變小，但如果觀眾本著尋找光圈變動的位置來看，就一定會看出瑕疵。

歷史和類型

藝術

4

身為調色師，你可能經常會被要求製作出各種影片「外觀」，這些「外觀」風格通常是電影製作領域中，大家一致認定的某些風格，有時甚至對廣大觀眾來說也看得出來。儘管 Instagram 上有一百萬種不同的「外觀」風格，但如果你問大家如何描述他們對「Instagram」的感覺，通常可以得到包括「懷舊」、「夢幻」、「淡色」或者如果懂點顏色知識的話，還可能說出「水洗黑」等外觀風格。

不過最重要的，就是請開始建立一份包含最廣的心理上和技術上的「外觀目錄」，來重現電影工業裡已經存在的這些著名外觀。雖然其中許多外觀可能只是像套用顏色一樣簡單，但某些外觀的建立非常複雜，因此請儘早了解建立這些外觀所需的色彩「感受」。

技術美學

經常聽到新手電影工作者說到要在調色間建立「電影風格」外觀的情況。儘管技術確實在推動著電影美學的發展，但由於沒有單一的「電影風格」可言，因此這種說法通常是很「局限性」的一個詞彙，而且經常會是電影「新手」的標誌性說法。在 20 世紀時，電影是主要的影片觀賞格式，因此電影會有許多不同的「風格」。每當詢問客戶所謂的「電影風格」是什麼意思時，他們便會回答「飽和」和「去飽和」、「奶油」和「顆粒狀」、「明亮」和「深暗」等各種不同的形容詞。

即使進入了數位時代，人們也普遍認為「一項單獨的技術 = 一種特定的美學」。然而事實上卻複雜得多：雖然技術驅動著審美趨勢，但審美趨勢並非完全由技術所創造或限制。如同拍攝過程是建立外觀的一種方式，但絕非建立影片外觀所需的唯一方法。

讓我們以著名的「Technicolor」（特藝彩色）外觀為例。儘管 Technicolor 背後的技術流程可以創造出濃厚的色彩，但其標誌性的「Technicolor」飽和外觀，應該說是 Technicolor 的「色彩主管」娜塔莉·卡爾穆斯（Natalie Kalmus）所創造出來的產物，也是她用來製作大型專案所使用的一項技術。由於她的任務是推廣這項技術，因此便在生產設計中做出技術相關的色彩選擇，而這些色彩剛好可以優異的重現這項技術的能力。

在英國的攝影師們，並不會受到卡爾穆斯女士的監督，因此可以根據自己的測試，建立出具有不同攝影效果的影像。例如傑克·卡迪夫（Jack Cardiff）拍攝的電影《黑水仙》（*Black Narcissus*），讓我們看到一件精美的三色（three-strip、三色染色）作品，看上去完全不像當時好萊塢的標誌性色彩 Technicolor。因此，如果在調色間裡有個客戶要求「Technicolor」特藝彩色外觀時，最好要問一下所指的是哪部特定電影，或是要求對方給參考影像。

如果客戶是傑克·卡迪夫（Jack Cardiff）迷，且認為自己的作品絕對是 Technicolor，那麼他們所要求的外觀，可能會跟你立刻想到《綠野仙蹤》（*The Wizard of Oz*）中的特藝彩

《黑水仙》劇照、*Black Narcissus* (1947)

色影片有「完全不同」的美學。因為劇本裡原有的東西被加上了高度飽和的顏色（例如電影中的紅寶石拖鞋在原書裡是銀色的），以推廣這項新技術。

綜觀整個電影史，「技術變革」決定了美學的逐漸產生的細微變化。5247 是柯達幾十年來最受歡迎的膠片，其產生的影片外觀與 5219 截然不同。因此，請記得一定要不斷精確的詢問客戶形容外觀的含義、參考和目的為何，以正確判別出你要共同製作的影像外觀，這點非常重要。

如今數位時代也是如此。在大受歡迎的 Arri Alexa 攝影機問世後，你可能經常會聽到製片人討論「Alexa」風格，這是精確色彩科學遇上柔和顆粒相互結合的成果。當你拍攝 Log C 時，Arri 還會擷取低對比度的影像，這點絕對跟攝影機本身有很大的關係。當然目前許多電影都是在 Arri Alexa 上拍攝，但其外觀各有不同，例如也會包括高對比度的影像。這是因為 Alexa 確實是部出色的攝影機，無須對影片進行大量處理，便能建立非常準確且令人愉悅的色彩，因此也讓調色過程變得更加容易，因為我們花費在修正膚色或其他假影上的時間更少，於是有更多時間花在創作的自由上。所以用 Arri Alexa 並不代表用它拍攝時，只能擁有一種特定外觀。

每當有人討論到「技術」方面的內容時，請務必深入研究，以確定到底是哪些影像，激發了他們對自己的作品與該項技術之間的連結。

雖然你無法完全詳盡分類好客戶可能要求提供的每一種「外觀」，但隨著時間演進，會出現一些流行的審美趨勢，了解這些當下的共同知識，便更能與客戶進行溝通。

不過最重要的是請記住，這些描述很可能會是美學上的一種陳腔濫調。而且對於客戶給定的每個範例，很可能都有無數的「反例」。事實上，對於某些「類型」的影片風格來說，「並非如此」的反例，可能都比實例來得更多。因此了解這些美學泛詞的重要性，目的在於與整個團隊的互動對話。當客戶坐下來要求某些外觀風格時，了解他們可能聯想到的東西，絕對是最佳起點。

黑色電影

「黑色電影」（Film noir）是二戰後的一場美國電影運動，主要表現為對人性的悲觀和高度個性化的影像。如果客戶要求「黑色電影」風格，可能就是想在影像中加大對比，然後降低飽和度。

《雙重保險》劇照、*Double Indemnity* (1944)

如果即將到來的是大型的「黑色電影」風格專案時，請關注一下《雙重保險》（*Double Indemnity*）這部電影。這不僅是一部出色的電影，而且它用了對比的照明，在畫面裡大膽保留大面積的陰影，以及意料之外的突破特點，這些都是黑色電影的標誌風格。舉例來說，在雜貨店一幕表現的是暗沉陰鬱的黑暗角落。儘管雜貨店的照明可能會隨著時間演進而大幅改變，但就算追溯回 1940 年代，真正的雜貨店應該也不會有這麼「暗」的照明。不過為了滿足故事需求，劇中這些場景都是經過精心製作的影像，因此如果導演或客戶要求「黑色電影」的外觀風格，很可能會願意把調色推到「不自然」的程度，以強調劇情的重點。

浪漫喜劇風格

傳統的「浪漫喜劇」（romantic comedy）美學，結合了製作過程中鮮豔的色彩，以及對真實膚色逼真度的偏執迷戀。雖然許多作品提供了靈活性，可以在故事前提的要求下，將膚色帶上一點橘色或綠色，不過浪漫喜劇製作方，通常希望相關人員能遵循嚴格的影像規則。如果影像在「中間調」的部分有任何偏離的話，通常可以在影片上盡量調成柔和、金色、溫暖光暈的感受。

在某些電影裡的特定段落上，也常會用到這個術語。例如製作驚悚片時，導演通常希望在恐怖開始之前，讓開場片刻散發出帶點「浪漫喜劇」的光暈。

某些浪漫喜劇電影，尤其是從 1970 年代到 1990 年代的喜劇電影，會在拍攝時，在攝影鏡頭上套用擴散濾鏡，讓亮部可以產生柔和的光暈。你可以透過使用「抽色」（qualifier）選取器來選取亮部，使其稍微模糊，或使用其他可用插件和效果來做到這點。

奇怪的是，大多數「喜劇」電影都具有非常類似的美感（也許色彩飽和度更高一點），但仍被統稱為「rom-com」（浪漫喜劇）外觀風格。

《穿著 Prada 的惡魔》（*The Devil Wears Prada*）（下頁）嚴格上並不屬於「浪漫喜劇」（應該比較像是一個「時代的來臨」），但它仍然是執行出色，適合欣賞浪漫喜劇美學的絕佳典範。電影的主題是對色彩、美學、規範和趨勢有著深刻理解的另一個行業，因此使用這種風格可能並非偶然。在這部影片的靜止畫面中，我們看到了讓畫面的亮部區域（演員的白髮、後窗玻璃上的反射）自然「過曝」、柔和的漸亮，結合上準確的膚色，以及突顯重要配件如戒指等的鮮豔色彩等。

《穿著 Prada 的惡魔》劇照、*The Devil Wears Prada* (2006)

驚悚 vs. 恐怖

雖然恐怖片和驚悚片在觀眾的情緒反應上彼此接近，但在調色間進行製作時，請記住一個重要的區別。傳統上，驚悚片專案的設計旨在「加強」感覺，但仍然是以現實為本。因此，隨著故事的進行，你可能要逐漸將更多的對比帶入影像中，並盡可能使主要敘事者的顏色更加飽和，同時努力讓諸如膚色之類的元素，保持一致並符合現實。

恐怖片則允許更具表現性。色調可以呈現不自然的飽和度或去飽和度，最重要的是可以讓事物從傳統現實方面，轉移到其他非現實的色域。甚至主角的膚色，也可以轉移到其他的色調，而不會覺得奇怪。在一般恐怖片裡也常見到這種情況，例如《七夜怪談》（*The Ring*）在演員身上就有深藍色／綠色的調色。粉紅色是其中的例外，整個色彩光譜似乎都可以用來做為恐怖片的色調，不過粉紅色和洋紅色的膚色感受，似乎並不在恐怖片的範圍內。或許讀過本書的某位讀者，將來可以製作出粉紅色調的恐怖美學。

驚悚片

在《 致命遊戲》（*The Game*）（下頁）的這部電影的劇照裡，我們看到了非常普遍的驚悚美學，這點跟「黑色電影」的風格有點類似。當影像較暗的時候，它也具有古銅色的暖調。而驚悚片也經常會讓主角的眼睛，陷入更深的陰影中。雖然我們可以很輕鬆的在影片上，繪製形狀並稍微調亮眼睛，但在驚悚片裡，並不一定要像在其他類型電影中，對眼睛進行調整。

《致命遊戲》劇照、*The Game* (1997)

恐怖片

在《猛鬼 1000》（*House of 1000 Corpses*）（下頁）的這幅劇照中，我們看到了一整片的色彩，尤其是膚色的部分，這是一般在驚悚片裡不太可能看到的。但即使對影像做了整體「紅色色偏」，也請注意在影像中的某些暗部裡，仍會跳出一些互補的綠色對比。這種作法是為了維持紅色的感受；如果沒有互補的綠色，觀眾的眼睛很快就會在戲院裡適應，而把紅色色調正常化。

動作片與高概念科幻片

正如在「加色」系統的章節中所討論過，現代動作片的美學定義是「橘色的膚色與亮部、青色的陰影」。由於這種美學如此占主流地位，因而也帶引了 YouTube 影片、部落格文章和 gif 動畫的美學傾向。這種顏色組合是專門設計用來讓影像在螢幕上「跳」（pop）一點，而且與動作類型的目標配合使用時效果很好。然而在動作片的世界裡，選擇性地讓某些片段去飽和，或是追求其他美感體驗也是可以接受的。

這種作法也普遍出現在「高概念」（high concept）科幻片類型電影上。當然也有更多藝術化或突破藩籬的科幻片，帶有各種不同的外觀風貌（這在相當程度上是由恐怖片美學所驅動的），但是對於大型的標竿作品而言，這種外觀通常也很適用於科幻片。

《猛鬼 1000》劇照、*House of 1000 Corpses* (2003)

近年來的動作片的對比度雖然稍微變弱，不過這種趨勢似乎也在減弱中。

《變形金剛》劇照、*Transformers* (2007)

在這幅《變形金剛》（*Transformers*）系列作品劇照中，我們幾乎可以很肯定的看到「橘色和青色」調色所形成的動態影像。膚色被推得比平常更偏橘色（可能是前製的化妝和後製調色的結合），而製作設計和調色師協同工作，以具有其他青色、藍綠色元素（夾克，T 恤）來建立色彩對比。這種外觀可能是透過形狀、曲線和去背的組合所完成，絕對是相當耗時的工作，而在背景煙霧中的藍色色偏，也有助於讓前景「跳」出來。

紀錄片

本章所討論的術語當中最不精確的，應該就是客戶要求「紀錄片」外觀風格的時候。如果你觀看現代紀錄片，可能會感受到因為歷史趨勢和製作主題的啟發，產生出各式各樣的紀錄片美學，而這些美學通常比敘事作品中所見的任何情況，都來得更加自由且富有實驗性。

但是當客戶要求「紀錄片」風格時，幾乎都是在要求得到飽和度稍低的去飽和影像，提高亮部並洗掉黑色的部分。這張來自《辦公室風雲》（*The Office*）的劇照，便是一部相當受歡迎的假紀錄片形式電視劇，它帶有大多數客戶在使用這個詞語所要求的典型「紀錄片」風格。顏色不「跳」，背景中的窗外幾乎完全過曝，沒有任何細節，而且影像的整體感覺也帶點「昏暗」的感受。

《辦公室風雲》劇照、*The Office* (2005)

省略漂白

這是一種來自電影膠片處理的說法，雖然不像以前那樣被廣泛提及，但是「省略漂白」（bleach bypass）或「跳漂白」（skip bleach）風格，仍然具有足夠的標誌性，以至於隨著時間推移依舊偶爾出現，並且還可能會再持續出現許多年。

省略漂白是在彩色膠片沖洗過程裡，省略一個步驟（跳過負片的漂白）的作法。這種省略的作法變化很多（使用各種功能來省略漂白，例如跳過底片或印刷品的漂白步驟），但是原始意圖上的變化，似乎不再適用於一般認為的這些方式。由於《搶救雷恩大兵》（*Saving Private Ryan*）一片的成功，讓「省略漂白」被認為是對比度大、去飽和的顆粒質感影像。業界已經有販售或內建的插件，可以對此進行交叉處理，或者你也可以建立一個混合節點（在 Resolve 中的平行混合），以便將彩色影像和黑白影像混合在一起，產生類似的效果。

在《搶救雷恩大兵》（*Saving Private Ryan*）的這張劇照中，我們可以看到極高的對比度，例如在演員頭盔下的區域整片黑色，而他前面的岩石上的反射為幾乎純白色，結合上不飽和的顏色後，恰可當做這種外觀風格的典型範例。

藉由不把膠片漂白銀乳液的作法，省略漂白便可有效地結合黑白影像和彩色影像一起沖印。如果你想建立自己的省略漂白調色，最好的作法便是將全彩色影像和該影像的黑白版本組合在一起。透過改變兩個影像的對比度，以及不同的混色方式，便可在複製「光化學」的過程裡，同時擁有各種色調的控制能力。

《搶救雷恩大兵》劇照、*Saving Private Ryan* (1998)

駭客任務

雖然《駭客任務》顯然屬於「動作／科幻」片範疇，但仍值得單獨提出來討論。儘管後來的電影如《入侵腦細胞》（*The Cell*）和《霹靂高手》（*O Brother, Where Art Thou?*），都確實將戲劇化數位調色推向主流，但《駭客任務》奉行了一種獨特的美學，甚至在討論電影美學趨勢時，已經變成一種通用的專門稱呼。

綠色

大家印象中記得的《駭客任務》，應該就是影響皮膚色調的整體綠色色偏，以及偶爾出現的超飽和紅色。儘管《駭客任務》與所有電影一樣都具有多種美感，但在一般討論裡，濃重的綠色色調通常是關注的重點。

在此靜態畫面中，你可以看到綠色滲透一切，甚至連膚色都有透過輕微的綠色色偏，在基努．李維（Keanu Reeves）的皮膚和他身後表演者的皮膚上也是如此。

《駭客任務》劇照、*The Matirx* (1999)

Instagram

儘管 Instagram 上幾十億張圖片的外觀天差地別，但你偶爾還是會遇到客戶要求影片要有「Instagram」外觀，其實這通常意味著它們要帶點復古的褪色感覺。在後製作業裡，而且早過 Instagram 擁有其特定外觀稱呼之前，我們通常會在討論這種外觀的時候，稱之為「褪色膠片沖印」（faded film print）。

若只是把許多顏色放在影像的陰影上，最後可能會顯得過於沉重且太「飽和」，如此無法真正與所謂 Instagram 的美感風格相符。我們可以使用的技術之一，便是在某個節點上提升陰影，增加一些顏色，然後再將其往下推，並在下一個節點使飽和度降低。把過程分成兩個步驟，便可在陰影中加入淡淡的顏色提示，而不會使陰影過於濃重。當你在尋求影片的「insta」顏色氛圍時，log 控制便是一項功能強大的工具，可以精準控制影像調整時的精確定位和色偏程度。

特藝彩色

目前為止，「特藝彩色」（Technicolor）仍屬於電影製片廠的工作內容，而人們要求的「Technicolor」外觀，通常是指電影史上一段非常特定的時間。在色彩處理的早期發展中，經由娜塔莉．卡爾穆斯（Natalie Kalmus）的監督下所產生的特藝彩色，等於是一種結合了生產設計和攝影機工藝的超飽和色彩方案。

因此，如果客戶要求在後製中使用「Technicolor」外觀，可能會很難完成，因為它通常牽涉到調色間無法控制的沖印元素。如果觀看下面這張電影《刁蠻公主》（*Kiss Me Kate*）（下頁）劇照，這是藉由前面說過的 3D 型「三色染色」（three-strip）Technicolor 膠片（一次有六條 35mm 膠片穿過攝影機）所拍攝，而且也會發現服裝顯然被設計成具有相當的高飽和度。因此人物的膚色看起來健康，但不會過度飽和。如果只透過增加飽和度來嘗試重新建立客戶所要求的「Technicolor」外觀，最終可能只會得到不討喜的膚色，以及許多難以避免的其他瑕疵。我們有一種稱為「自然飽和度」（vibrance）的功能，或類似的「色彩增強」（color boost）功能，可以在不飽和的區域增加飽和度，因而讓任何影像都能「跳出」，而且不會過度破壞已經飽和的色彩。

然而事實上，Technicolor 不僅涉及「色彩科學」，也就是場景中某種顏色對映到影像中某種顏色的方式，也比讓影像更「跳出」的定型觀點更為複雜。打造真正的Technicolor外觀，必須透過更多的耐心和實驗，而且也一定要請客戶提供參考影像。

《刁蠻公主》劇照、*Kiss Me Kate* (1953)

梅爾維爾

儘管「梅爾維爾」（Melville、法國新浪潮電影時期導演）不太可能會是許多客戶要求的外觀，但一位導演能夠在自己的電影裡創造出特定外觀，確實值得關注，因為他的電影是早在數位色彩修正發明之前所完成。在下面這張來自「午後七點零七分」（*Le Samoura?*）（下頁）的劇照裡，應當特別注意到的是膚色並非特別飽和，現在我們當然很容易辦到這點，但當年電影製作時的「光化學」時代裡，並不容易完成。

為了營造出這種外觀，梅爾維爾利用了光化學調整的實際優點，利用互補色平衡而達成。只要將整個片段的色調平衡稍微偏向藍色，便可從皮膚上去除顏色，因為把皮膚的暖橘色調推向其互補色時，可以降低顏色的飽和度。

不過為了避免為了把膚色的暖調移除而把牆面變藍的情況，梅爾維爾（Melville）特意製作了偏暖的橘／肉色佈景，方便他可以在後製沖片時，調整影片整體的暖色程度。這種把暖色從牆壁和演員膚色上抽離的作法，確實是一種非常複雜的解決方案，不過它也示範了一位好的電影工作者，一旦掌握製作最終影像的技術基礎，便能有更多開放的選擇。

《午後七點零七分》劇照、*Le Samoura?* (1967)

測驗 4

1. 誰是 Technicolor 的「色彩主管」？
2. 哪位法國導演討厭飽和的膚色？
3. 匹配影片片段顏色該用靜態畫面或動態影像？
4. 是非題：匹配影片片段顏色時，最好只專注於示波器？
5. 我們是否有辦法在後製作業裡，利用靜態照片來調整影片裡光圈突然「喀噠」跳動的情況？

練習 3

請利用我們提供的素材影片，或你自己拍攝的任何素材，嘗試重新建立出三種本章所提到的電影藝術外觀風格觀，並請把它當成是客戶提供了參考素材的要求。你也可以直接把提供的這些靜態影像，導入調色應用程式中，作為參考。

技術
5

曲線、形狀與去背

儘管傳統的調色方法主要集中在 lift、gamma、gain 三個控制器上，但還有許多其他頗受歡迎的控制器值得學習，讓我們先從 curve（曲線）控制器開始。Curve 控制器和軌跡球在調色功能上有點重疊，因為兩者都可以用來補償色偏。不過它們的工作原理非常不同，而且可以根據我們對影像的期望效果，相互補充使用。

在許多剪輯和調色應用程式中，你所看到的主要「曲線」工具，通常會把影像分為三個顏色通道（紅色、綠色和藍色），並可讓你分開調整每個通道。某些應用程式還能對亮度進行曲線的控制，或者在預設情況下，把三個曲線一起調整，直到你取消其鏈結為止。在曲線控制器的方框裡有一條對角線，從左下方的陰影開始畫到右上方的亮部。

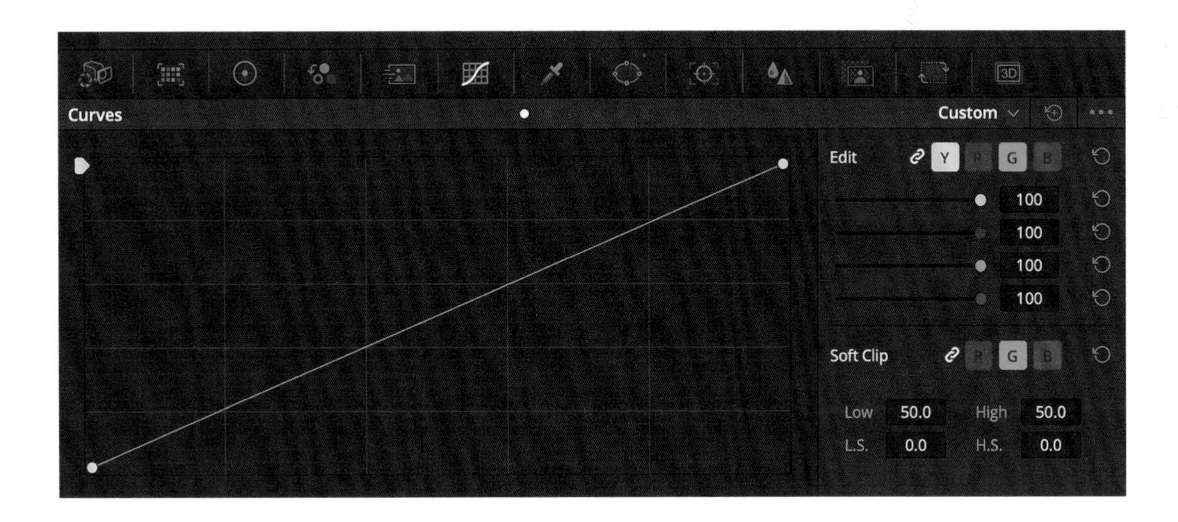

如果點擊曲線，通常就會自動增加一個控制點，讓你可以拖動此線。向上拖移時，請注意影像的相應區域所產生的效果。舉例來説，把控制點放在線條的中間，並往上拖移，應該就會影響到影像的中間調部分。而抓住曲線底部往上拉，便可提升陰影的部分，反之抓住曲線的頂部向下拉，便可影響影像裡的亮部。

若將曲線反轉，便可建立負片影像。儘管大多數應用程式在處理影片時，都有轉為負片的單一按鈕功能，但你可以在必要時，利用這項功能來反轉影像，而且還能對反轉影像進行控制。

你應該嘗試練習的第一條曲線是「S 曲線」（S-curve），先在靠近頂部和底部各新增一個點，將其彎曲以便在影像中建立柔和的 S 形線條。這種方式可以延伸中間調的部分，強化陰影和亮部，建立出細膩卻對比鮮明的影像，而且大部分的人都喜歡這樣的感覺。如果你想多保留一些亮部細節，可以把 S 曲線的頂部點往下拉，否則亮部細節可能會在對比度增加時被裁掉。

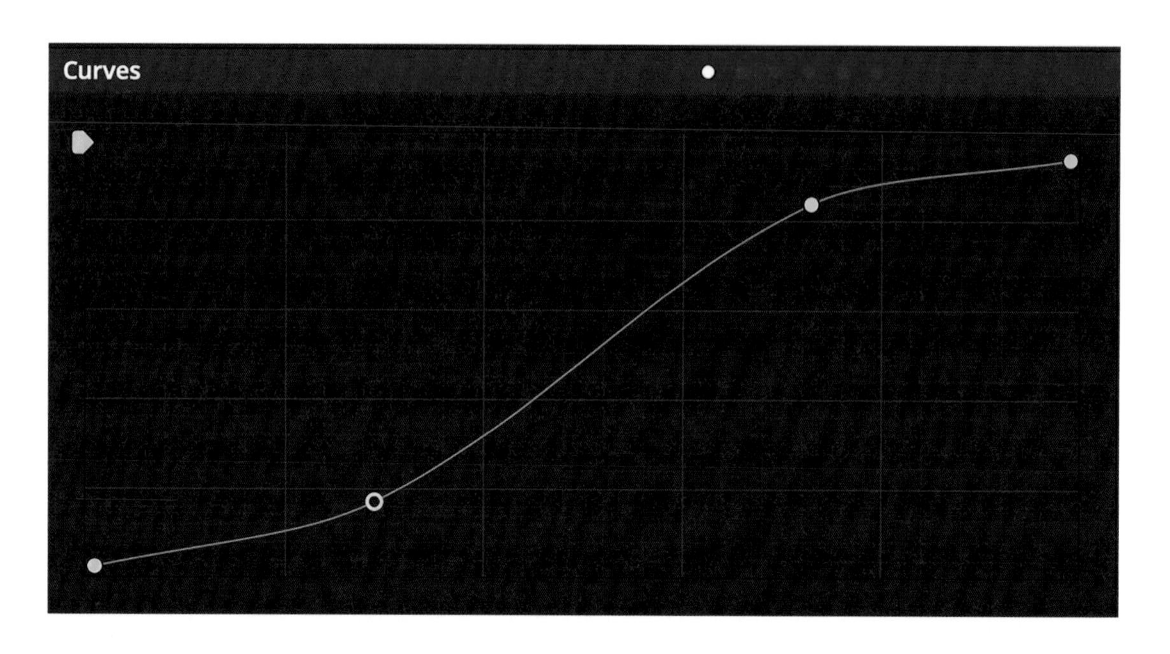

接下來請試著點擊曲線之間的鏈結鈕，將它們分開調整。你可能會注意到在上下彎曲曲線時，每個顏色通道都會在我們之前討論過的相同「互補色對」間變化。如果在紅色通道向上拖動曲線，影像便會獲得更多的紅色，如果向下拖動，影像便獲得更多的青色。諸如 Media Composer 之類的一些應用程式，會以顯示框的背景色偏的方式，來顯示這種顏色變化。

這些單獨的曲線可以用來精確控制顏色色調。請練習使用曲線，例如幫陰影加上一點顏色。你可以在藍色通道上，使用最底部的控制點進行操作，效果應該就很明顯。如果我們沿曲線往上到約 1 ／ 3 的位置，新增一個控制點，然後再在中間處增加另一個控制點，便可將該 1 ／ 3 的點上移，而在陰影和中間調之間的增加更多藍色。如此你的陰影可以保持黑色，但在過渡到中間色調時，感覺並不那麼沉重，因而讓影像具有藍色的色調風格。

大多數專用的調色平台會有更複雜的曲線控制，以便影響影像的各個部分。其中一種特別有用的曲線便是「亮度與飽和度」（luminance vs. saturation），您可在此看到它在 DaVinci Resolve 中的顯示方式，它主要是根據畫面亮度，選擇性的使影像的某些部分去飽和。

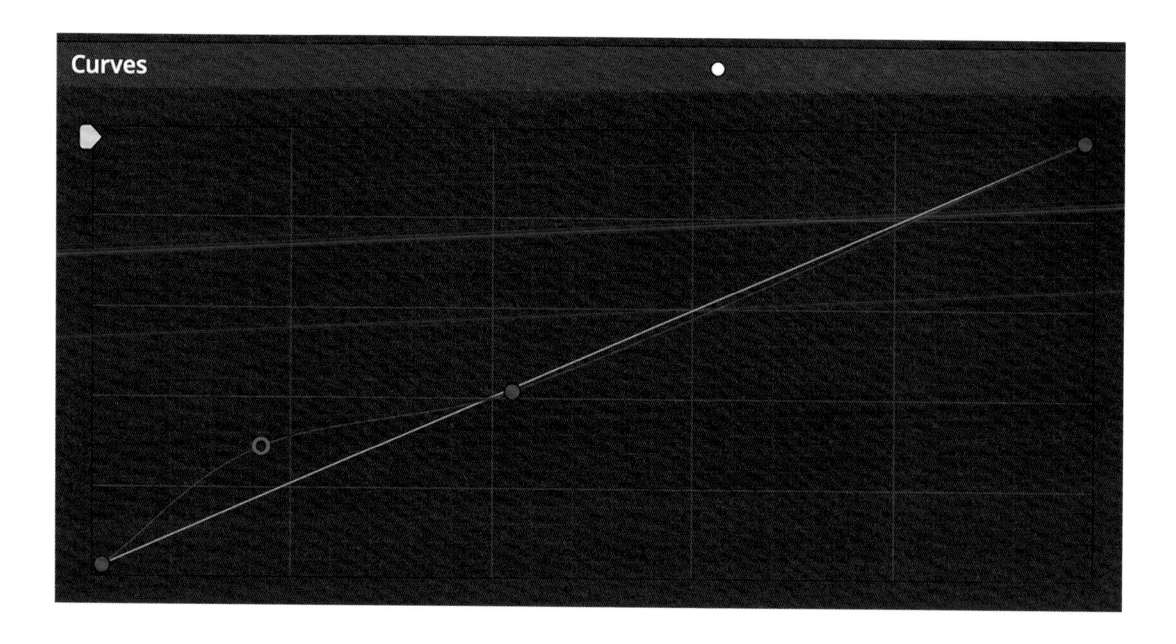

雖然你可以用「飽和度」控制器來使整個影像降低飽和度，但是透過彎曲這條曲線，可以只降低陰影中的飽和度，而不影響或提高中間調和亮部的飽和度。由於有許多數位攝影機因為在陰影中擷取過多飽和度而為人詬病，所以在這個控制項裡，也經常看到將陰影飽和度降至零的曲線。

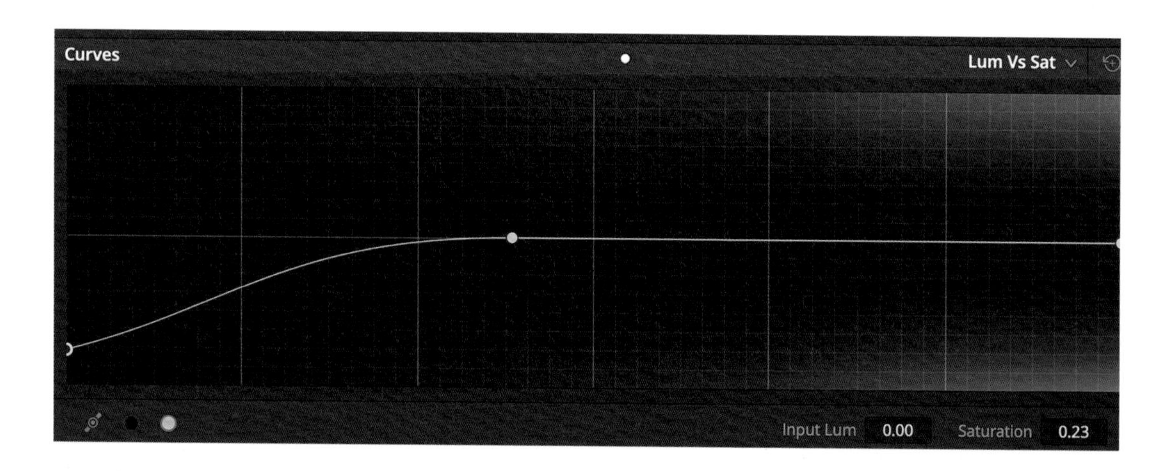

這些曲線取決於調色師對它們將會影響畫面裡哪個區域的理解，但通常你還可以使用檢色器（看起來像滴管）來選擇想影響的影像區域，這些區域將自動在曲線上為我們建立好控制點，這也是快速確定要控制哪些局部曲線的最佳捷徑。

從曲線往下繼續談，下一個要考慮的調色區塊就是傳統上被歸類為「二級」（secondary）調色的內容。這裡對顏色的修正部分，可以讓調色師對拍攝影像的「特定區域」進行修正與控制。通常這也是新手調色師非常興奮期待的領域，然而好好的平衡並「調節」你在這裡所花的時間也相當重要。如果有某個領域是經驗不足的調色師常會浪費太多時間之處，當然就是在二級調色的時候。新手經常會不斷嘗試想要解決某個特定區塊的調色，而事實上卻應該是在開始的一級調色階段就要解決的問題區域。

當然，有時的確會遇到某些片段需要用上成打不同的選取形狀，才能正確地發揮該段影片在調色上的真實潛力，但是通常最好在一級調色時，盡可能仔細完成自己的調色，以確保能夠在時間上做最有效的利用。

請觀看下面的照片，你會看到在工業環境背景前的兩個角色。顏色平衡得非常好，確實是個令人愉悅的片段，而且由於目前劇情的段落正在講「無辜者在城市迷失了自己」，因此影片裡的區塊與構圖，恰好可以貼切的服膺劇情。不過，觀眾可能無法正確的聚焦在演員身上。

這個片段便是需要經由二級調色進行修正的範例片段。雖然沒有足夠的亮度可以讓角色跳出來一點，但二級調色可以協助讓整個影片說出該講的故事。只要對這段影片套用精緻的「暗角」形狀，便可只跳出演員身邊的區域，協助觀眾把注意力放在他們身上，並讓他們的位置跳一些。另一項二級調色，則用在降低背景裡分散注意力的綠色窗戶飽和度。這兩個二級調色效果一起運用，便可迅速將影片轉換成可以更適切滿足電影說故事的目的。

二級調色的基礎是形狀。只要使用傳統的正方形或圓形，便會對改變影片外觀的強大威力感到驚奇。形狀工具通常也具有對形狀邊緣進行羽化的功能，讓這些修正逐漸融入。如果把一段「非夕陽」的畫面，在調色應用程式裡提升時，請嘗試將矩形與羽化功能結合使用，以便把橘色增加到天空的頂部。這是變更影片為白天裡某個時刻的有效方法，不過當然無法完全取代在正確的時間拍攝到的美好日落片段。

圓形通常用於在影像上建立柔和的暈映形狀。如果你製作一個柔和的橢圓形，接著將其反轉，然後輕輕調低 gamma 或 gain 轉環，應該就可以看到影像的角落處，呈現非常柔和平順的變暗，將觀眾視線更集中在你的角色上。使用暈影時請多注意，並且也要在動態影像上觀看暈影；因為暈影在靜態影像上看起來可能非常不錯，但是當影片播放時，也可能反而弄巧成拙，引起過分的注意力。

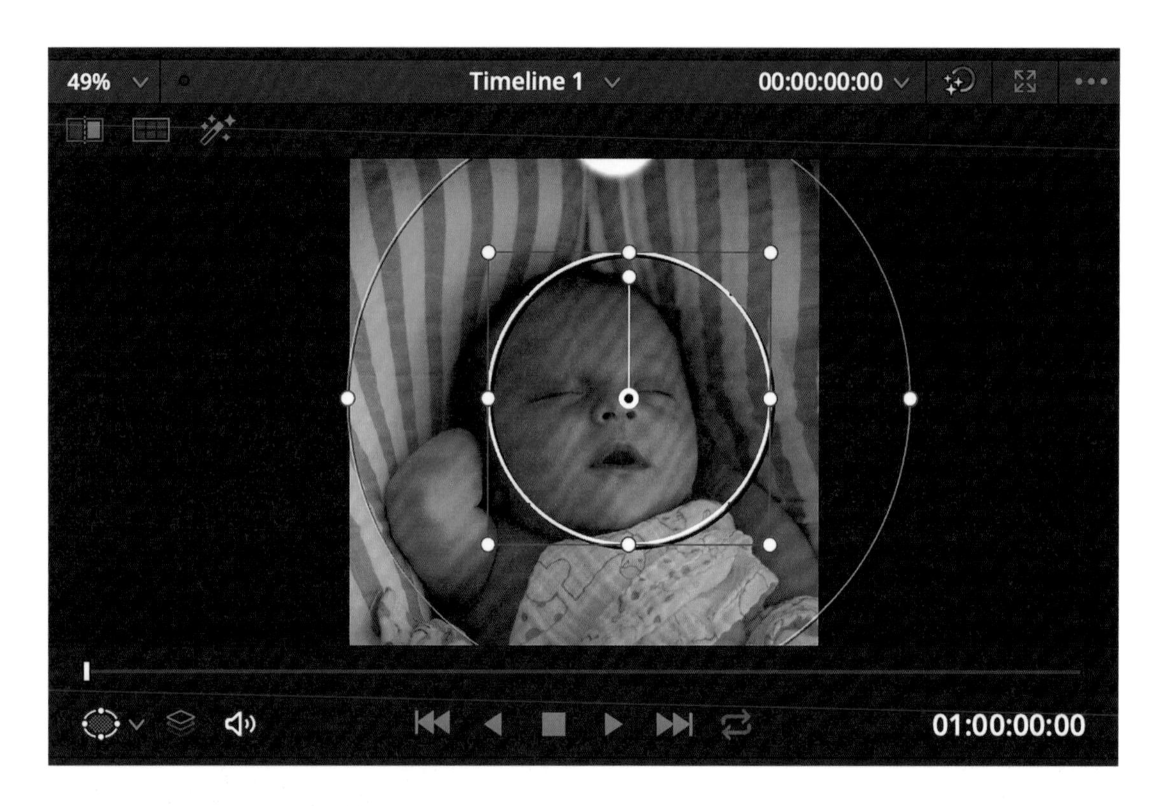

形狀再往前進一步便是建立「自定形狀」。有時你可能會聽到這種作法被稱為「rotoscoping」（動態遮罩，原意為轉描），因為它跟特效藝術家從背景裁畫出形狀的roscoscoping 過程非常相似。只要使用一系列的控制點，便可建立一個自定形狀，以手動的方式精確貼合影像裡的物件。舉例來說，在進行汽車作業時（行業用語為「板金」），你可以在諸如擋風玻璃之類的特定區域周圍，繪製避開的形狀，因此形狀不一定要完美的矩形或圓形。

關於使用 rotoscoping 的重要建議之一，便是請盡量使用最少的點數。許多新手調色師會過於精確，專注於擷取每個角落和縫隙，這往往會使形狀變得不太有用，因為去背對象可能會開始移動，需要逐步進行調整。請記住，你可以對自定形狀進行「羽化」，羽化可以在形狀調整的過程中，隱藏一些小缺陷。

形狀有兩種常見的控制點類型，即傳統角度（直線從點到點直行）和貝茲曲線。使用貝茲曲線會有兩個調整把手，我們可以使用調整把手，在兩個點之間更改曲線。大多數調色應用程式會提供一種「切換」控制點類型的方法，有效的混用兩種類型，便可建立出各種複雜的形狀。

如果你觀看隨附下載的「Medium Shot」（中景）影片，便會看到一個非常典型的取景，這在敘事報導和採訪設置裡很常看到。若要跳出前景主體，許多調色師可能會在這種類型的影片中，使用自定形狀並擴展例圖所示的控制功能，以使頭部和頭髮周圍的亮度變化更加突出，並逐漸越過胸部的部分。由於這種作法看起來與傳統俄羅斯娃娃的套疊感覺很像，因此也有人稱其為「俄羅斯娃娃」（matryoshka）形狀。

形狀也可以反轉，如此便可在形狀內部或外部進行控制，你也可以透過多種方式組合形狀。最常見的方法是直接將它們結合在一起，不過你也可以從一個形狀中減去另一個形狀，便等於從這個形狀中「挖出」一個新形狀。這在調色過程裡很常見，可以讓另一個物件移至你正在處理的物件前面。你還可以用其他遮罩形狀來使修正不會套用到其他物件上，在下面這張靜態影像裡，我們用一個形狀來選擇對牆進行去飽和調整：而當前景的角色斜入到場景中時，我們再增加了另一個「自定」形狀，確保去飽和僅套用於牆壁，而不套用到演員臉上。

在形狀之後，第二個最常見、最強大，有時甚至也最危險的選擇便是「key」，也稱為「抽色」（qualifier）選取器，有時通常也會因其圖示符號的長相而稱為「滴管」（eyedropper）；當然，其他工具也會用到滴管，因此最好稱之為 key 或 qualifier。這在調色流程中，通常用在不是基於形狀而是基於「像素值」所進行的選取。舉例來說，如果角色穿著紅色外套，便可利用紅色來選取顏色。這種方式可以讓你建立一些引人入勝的戲劇效果，不過我們也應意識到其中一些缺點。

在討論其限制之前，讓我們先來體驗一下這項工具的強大功能。請把隨附的「REDSHIRT」影片置入調色應用程式中，並使用 key 選擇器工具選擇襯衫的紅色部分。現在，推一下你的 highlight 軌跡球，offset 控制器或「hue vs. hue」（色相對比）曲線，便會看到衣服的顏色發生了很大的變化。這是用來對客戶展示色彩平台數位色彩修正功能的首要工具之一，而且功能確實非常強大。

但當你播放這項操作過的影片時，就會看到「危險」的部分；由於使用了滴管，因此很可能會在影像上看到很多「雜訊」。滴管所選取的範圍調色，通常都要配合使用柔和的模糊、羽化、雜訊修正和邊界調整的整體組合，才能讓抽色選取範圍不被這些漸進雜訊干擾。

大多數抽色選擇器都可以透過 RGB 或 HSL 控制器，在多種模式下進行調整，以完善抽色的選取範圍。通常這些選項可讓你把某些部分的調整關閉，若你只擔心選取下的，例如「亮部」之類的特定亮度範圍，便可以關閉「色相」和「飽和度」選取器，而只關注於單一滑桿，來調出你想要的亮度。

大多數應用程式具有「亮部」或「抽色預覽」（key preview）模式，這種模式可以允許你在工作時，僅查看抽色的區域，因此可以幫你從影片中，更清楚的判別出打算修改的元素。

用了抽色選取之後，就必須盡可能頻繁的循環播放影片，這是在使用 key 選取流程裡，找出雜訊或假影的最佳方法。在定格畫面上看起來很棒的 key 效果，通常會在你按下播放鍵的第二秒，立刻顯示雜訊過多的情況。

同樣也請不要忘記，用 key 抽色通常要結合使用多種工具，才能獲得想要的結果。如果有一個穿著紅色外套的演員，背景又是紅色藝術品的話，你就可以把演員周圍的形狀與外套的 key 組合在一起，以確保控制被限制在畫面裡的某個區域。

使用這些 key 抽色控制器時，請務必記住調色的「基本原理」仍然適用。以草為例，你可以很容易的抽取草的顏色。如果你打開隨附下載的「grass」影片，應該可以很輕鬆的用 key 選取草的部分。但如果你只是簡單的把中間調推向綠色，那就好像是對綠色的最大潛力做了概念上的「限制」，因為這樣只會讓它的色調顯得很平。相反的，如果將 key 裡的亮部推向黃色／綠色，然後將中間調或陰影推向藍色／綠色，如此綠色的暖／冷對比度，便可使顏色彼此相對加強，進而建立更豐富、更有質感的綠色，這會比只增加純綠色的「平淡」要「跳出」許多。

保護膚色

藝術

5

人類的視覺具有微調的能力，可以判斷出膚色是否不正常。這點可能跟評估健康狀況有關：例如我們可以立即察覺某人的臉色是否太紅（筋疲力盡，過熱）或太綠／太黃，以此來評估某人現在的狀況，也很類似父母通常可以立即評估孩子健康狀況的方式。有人可能會說，他們的皮膚顏色好像有點不一樣，甚至我們也會在日常對話中聽到：「你的臉色看起來有點虛弱」，而健康的皮膚顏色正好位於「膚色線」（skin tone line）上。

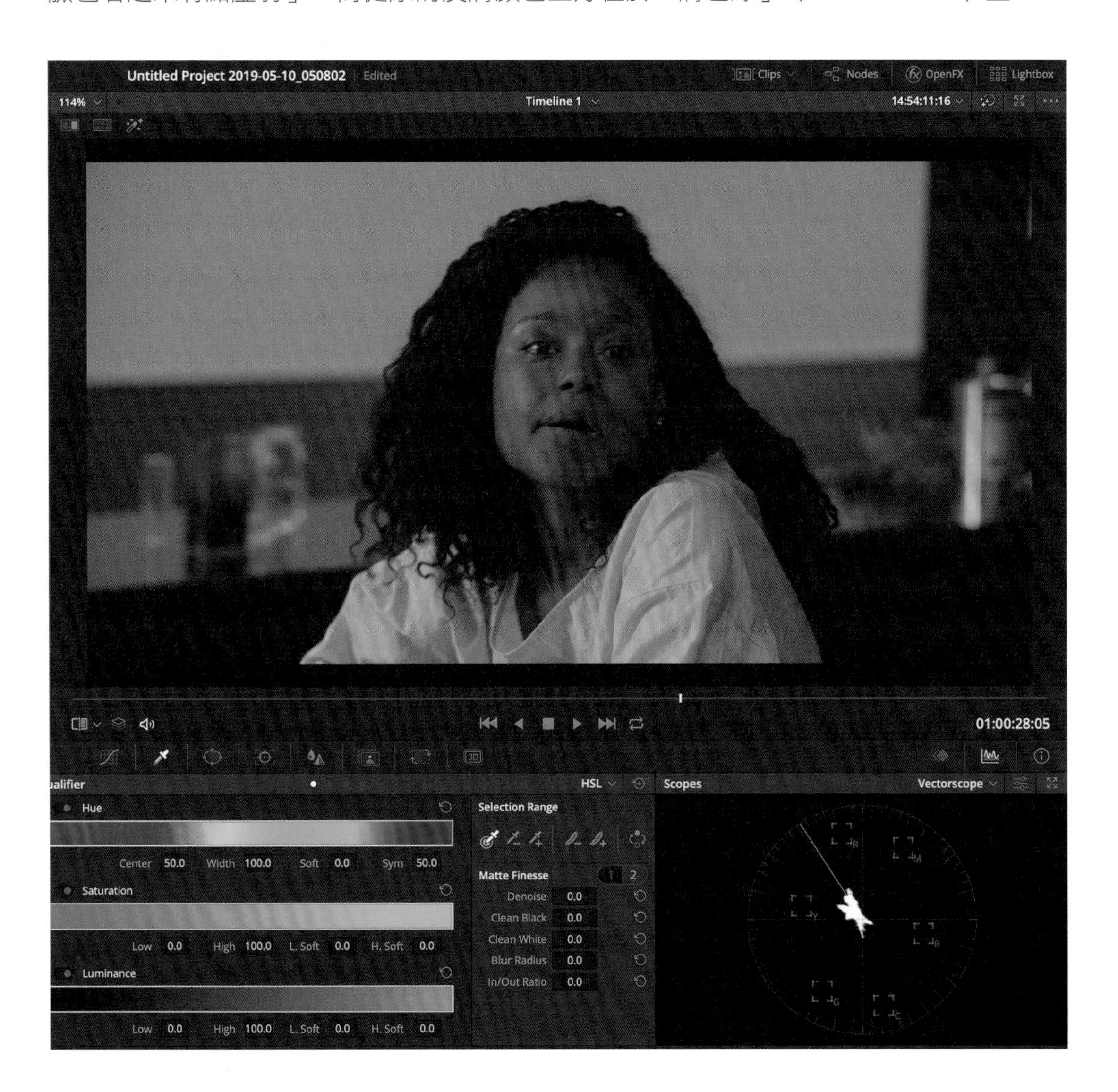

但只要把顏色往綠色方向移動一點，接近但並不在膚色線位置時，看起來就會不太健康。

反過來移動同樣會有問題。

即使離膚色向量只有一點點距離時，臉上的變化還是會非常明顯。這種情形不論是跨種族或跨年齡層都是如此；儘管飽和度各不相同，但人類的膚色仍舊趨向於沿著非常窄的色調線下降，而且大多數人都認同這條色調線。到目前為止，這就是你身為調色師所需注意的最重要的「已知」顏色。

有許多顏色是觀眾本身已經具有的直覺知識（例如天空的藍色和草的綠色），但是在實際操作中，你絕對可以擁有更大的自由度，把這些顏色推向其認知的「邊界」，不過膚色就

必須接近膚色範圍裡的中間位置。若想獲得「沉重」的色調，也許讓某些事物冷調一些；悲傷感或距離感，可以利用將背景中的綠草加入更多藍色來完成，而非透過前景角色的膚色達成。

這也就是為什麼許多調色應用程式，會在向量示波器加上「膚色線」的原因。由於膚色調整是在比較初期的顏色平衡過程，因此確保膚色的正確位置，將會是個不錯的起點。一旦確定膚色正確，便能有更多空間將其餘影像調整到想要的色調。此外還有許多情況是拍攝採訪或特寫的影片，臉是這類影片多數畫面的主要內容，所以影片裡的主要顏色便是膚色，因此「膚色線」真的非常重要。

由於觀眾對「真實」膚色的強烈偏好，以至於「保護膚色」是大多數調色師習慣考慮的主要任務之一，因為他們可以藉此預先評估，到底可以將影片的色調提升多少。事實上，有許多客戶根本就認為無須要求你就會做到這點，因此請先專注於保護膚色，然後再擔心如何建立影片裡的情緒，如此才是良好的調色習慣。

在使用任何工具之前，先保護膚色，而且要了解為何必須如此。這是關於觀眾依附於角色的心理反應，因此與調色的其他方面相比，會更需要你集中注意力。

對於許多作品而言，我們可以使用 key 的範圍或色相曲線，限定僅選擇膚色，然後分別進行處理。透過將「外部」或「反向」節點組合在一起的選取方式，便能使用簡單的兩個節點，一個用於將膚色精確地推到你想要的位置，另一個則用於建立更戲劇性的外觀。

當你想尋求前面所說過的，過去幾十年在動作電影中很受歡迎的「橘色／藍綠色」熱門配色組合時，此種作法尤其適合。只要你在膚色上使用 qualifier 抽色，然後將其反轉，再將青色加到膚色以外的深色陰影中即可。

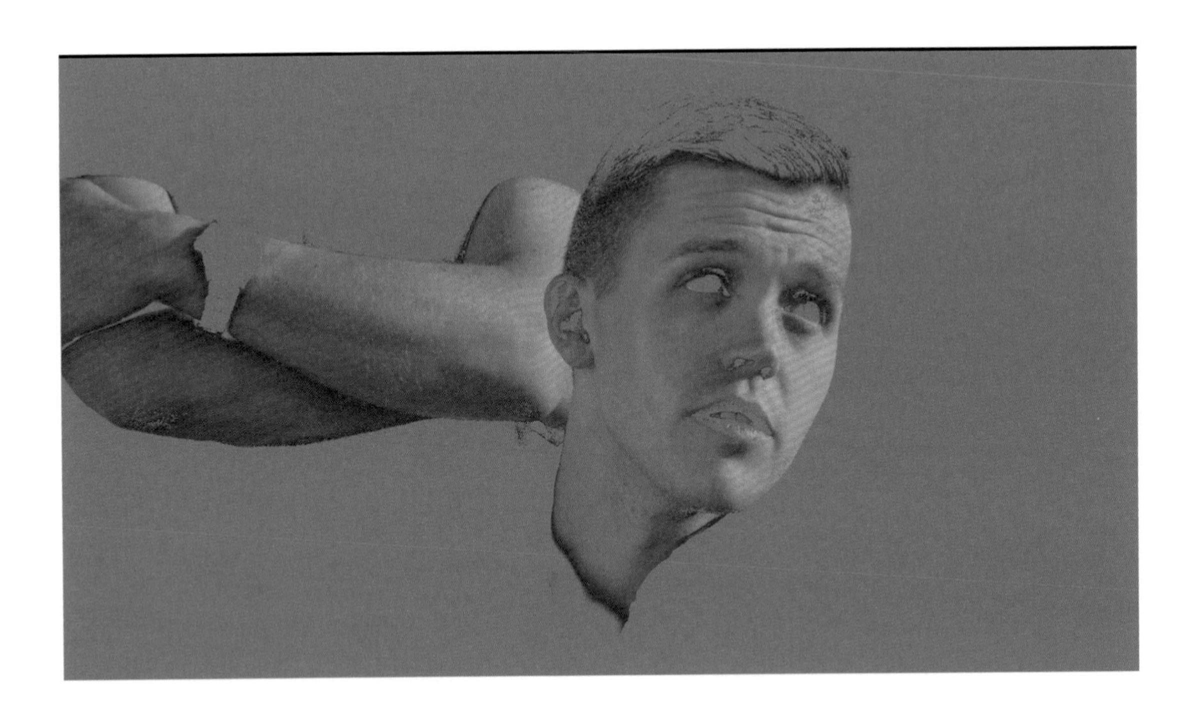

然而當你循環播放調整後的影片時，可能就會注意到用 qualifier 抽色後，會給影片帶來雜訊。這真的是很常見的情況，通常需要再微調或讓選取的部分邊緣模糊，直到找到最佳的調色「甜蜜點」。對於調色師來說，常犯的錯誤就是只考慮到膚色，忘了考慮選取範圍以外的部分。一旦你開始「推」key 以外的區域來建立外觀時，便有更多的機會產生雜訊。解決方式與平常一樣，請不斷利用你的鷹眼來反覆觀看，以找出影片裡的任何問題。

當然，這是假定使用「膚色」key 所抽色的影格區域是「人」的情況。通常最好在場景設計階段就盡量避免用到膚色，以使後製容易一些，不過有時真的難以避免。

如果劇情中有個關鍵道具或場景落入跟膚色相同範圍，在進行修正時，我們也必須從選取範圍中減掉此部分，這也就是為何我們把形狀與抽色結合在一起使用。保護膚色時，只靠形狀通常不夠，因為你所做的調整，會滲入頭髮也會滲進衣櫃。尤其遇到深色頭髮的演員時，你可能希望頭髮可以加點青色陰影的冷調光澤（營造「超人」氛圍），而非加入調整膚色時所加上的溫暖色調。

由於這是 key 選擇器和形狀的結合，因此通常需要用到大量的關鍵影格（keyframing）與追蹤（tracking），讓此組合可以獨立於畫面裡的其餘部分，真正做到控制膚色，而不會造成嚴重的失真感。

美容工作

這點也導致了所謂的「美容工作」（beauty work）。美容工作當然是個廣義的類型名詞，只有少部分屬於調色的用途。美容在這裡指的是：刻意改變專案裡的角色外表，達成美學效果的過程。儘管有些人甚至認為「平衡膚色」也是美容工作，不過通常我們所說的美容，其界線範圍大約是在你開始為影片裡的角色去除斑點、皺紋和其他「衰老」跡象的時候。

儘管美容修飾在敘述型的作品裡非常普遍，但在化妝品和廣告行業的影片中，爭議也越來越大。雖然過去經常會修飾影片裡的所有東西，尤其在時尚場合更常見，但是現在一些零售商已經會註明「產品經過修飾…」。當然在我們可能需要對影像進行其他技術修正時，確實很難劃清修飾和非修飾之間的界限，不過了解相關市場的爭論與當前輿論趨勢後會很有幫助。每個客戶的要求也有所不同，有些客戶希望使用較重的修飾，而有些客戶只想消除最明顯的短暫瑕疵。

在調色應用程式的工具箱裡，事實上能用的美容工具就只有這麼多。因此對於某些真正複雜的美容工作，便需使用 After Effects 或 Fusion 之類的應用程式，以提供完整的功能和控制選項。不過當你在調色時，有些小事情很容易就能完成，而且也有越來越多客戶，期望在你調色的時候，一併完成這些細微的小修整。調色師通常不會在調色台上執行這項特定任務，因為這是專業的影片美容特效師或 VFX 特效團隊的工作，他們本來就被期望能處理這類美容工作。然而隨著 Fusion VFX 軟體被結合到 Resolve 中，而且也有各式各樣的美容插件可用，因此越來越多的調色師，可以在調色間裡完成更多這類的美容工作。

讓我們從這個已經選取膚色的影像開始，把模糊功能（通常是內建的選項，但有時可能是用插件的形式）調高，便能感到似乎把模糊功能調得太過頭了。你應該會立刻看到這個人好像被塗上奇怪的模糊，讓兩個眼球漂浮在肉色的模糊海洋裡。即使在修正器設定最低的情形下，一般鈍化模糊的工具，通常也無法勝任這類美容工作。

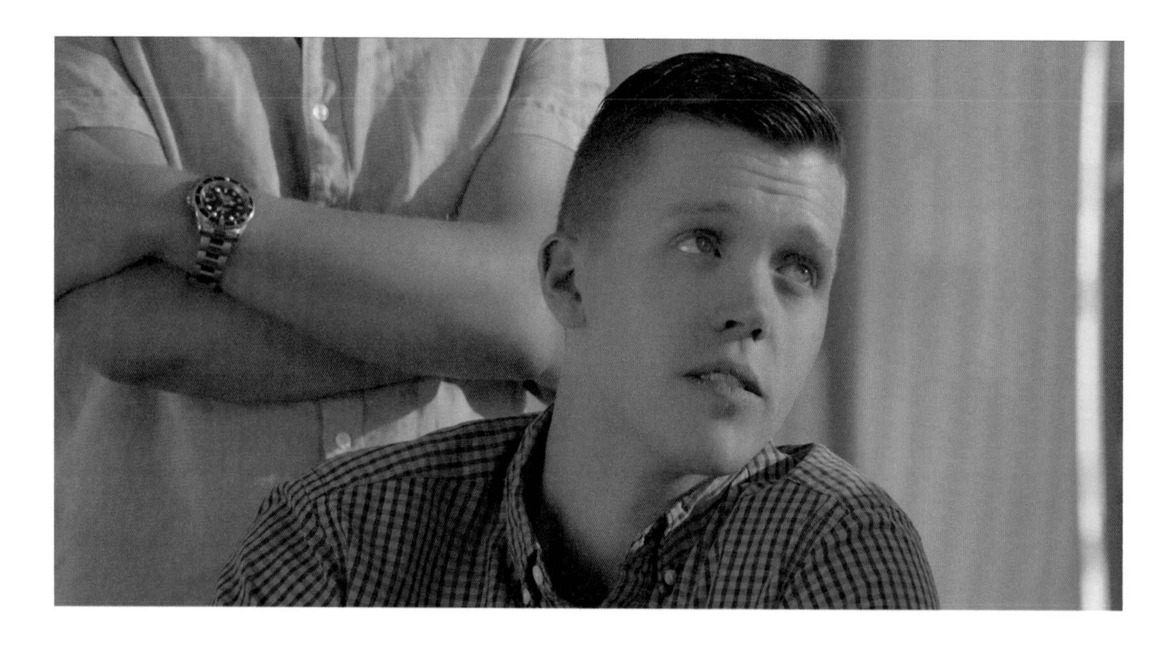

其原因之一，在於就算臉部在極端的明暗環境下（白色的眼球和牙齒、黑色的鼻孔和睫毛等），都能具有許多細節，但大部分瑕疵只出現在中間調裡。因此，多數應用程式也都會有一些只用於中間調細節的調整工具。我們最好把焦點放在中間調的部分，降低中間調細節或銳利度，以平滑皮膚上的斑點和小皺紋，而非專注於整體的亮度範圍。這樣就可以讓眼睛保持「清晰」狀態，並使影像仍能保持聚焦，同時影像的其餘部分也都被輕微調整過。

事實上，有時你可能會先過度調整中間調的細節，然後再附加另一個節點，並傳遞該遮罩以更進一步處理膚色。在許多應用程式中，如果將遮罩從一個 key 鏈接到下一個節點時，它會自動反轉，因此你需要再次反轉，以獲得相同的膚色選取。接著你可以從這個節點再恢復中間色調的細節，這種作法可以去除在上一步驟中，過度精細調整斑點的細節，讓膚色恢復逼真的「質感」。

美容工作是相當精細的作業，而且會涉及到跟客戶多次的往返討論，以確保你能準確調整影像的外觀。同時，美容作業也會隨著影像的比例，發生戲劇性的重大變化。雖然有可能（但不建議這樣做）把大部分的美容工作，放到 55 吋的 OLED 顯示器上進行獨立的調色作業，然後期待在進電影院時看到滿意的結果。不過美容工作並不能以「規模化」的放大方式來完成，對於電視作品而言，你可能會想在 55 吋或 65 吋的顯示器上工作，以便清楚地看到你的調色決策；但對於電影作品來說，可能就要在螢幕尺寸與投影環境都跟預期上映的電影版本相同的投影環境中，進行最終的美容工作。在精確的 24 吋廣播級顯示器上所完成的色彩工作，通常會在一定範圍內按比例放大到戲院上映（大螢幕和小螢幕看到的不可能完全相同，因為大、小影像是由視網膜的不同部分負責觀看，必須距離夠近才會相同），然而在 24 吋螢幕上完成的美容工作，通常會在大螢幕上出現很大的瑕疵。

深度感

有個名詞你可能偶爾會聽到，尤其是從電影攝影師那裡聽到，這就是鏡頭感覺「有點平」（a bit flat）。儘管 3D 立體影像本身說起來就是像獨角獸那樣的奇幻動物，但即使在「扁平」2D 專案中工作時，我們仍然可以在調色間裡控制一些元素，以增加影像的深度感。

協助觀眾理解影片深度或平坦度的關鍵要素，稱為「深度線索」（depth cues），包括：

1. 收斂會合的平行線（例如延伸到遠方的火車軌道）。
2. 已知物件的大小差異（較近的物件看起來較大）。
3. 重疊。一個物體疊在另一個物體上，便會產生某種深度感，不過這是較弱的感覺。
4. 暖／冷調性對比。溫暖／紅色的區域感覺似乎離我們更近，而藍色的區域感覺會離我們較遠。
5. 「紋理擴散」（Textural diffusion），紋理具有近處時細節清楚，但遠處時（即使對焦清楚）也會「模糊」成一團。舉例來說，將攝影機放在地毯或磚牆附近，近處可以看到細節，遠距離則無法看清細節。

6. 「大氣擴散」（Atmospheric diffusion）。隨著擴散層或霧氣堆積，即使距離相同，物體也會感覺「更遠」。
7. 遠近物體的「視差」（Parallax、當攝影機或觀測者左右移動時）。開車時路牌快速經過，但遠處建築物或山脈移動得較慢。
8. 攝影機向前或向後移動，加強尺寸大小變化的感知。

在後製調色間裡，我們比較能操作的情況是暖色／冷色的對比度，如果影片內容允許的話，還可以做點大氣擴散的效果。到目前為止，熱／冷對比度是建立更佳深度感的最簡便方法，你可以透過多推一點陰影或亮部，輕鬆加以凸顯，或是使用形狀也可以。下面這張照片是典型的走廊照片，其中的形狀很容易形成深度感：

若想讓走廊感覺更「深」一點，你可以繪製一些形狀，然後讓前景稍微暖調一些，並讓背景變暗一點。

如果基於某種原因希望它變得平一點，反過來操作即可。

這也是橘色／青色外觀受歡迎的另一個原因，因為暖橘色似乎因青色陰影的對比，在螢幕上看起來會「跳」一點，青色陰影帶有逐漸遠離觀眾的效果。當客戶有所要求時，這便是增加「深度」的好方法。如果是在黑白影片裡，只要為亮部增添一絲暖調，感覺就會特別有用。

而只要稍加努力，有時還可以在場景中增加一些人為的大氣擴散效果。若你在攝影機上裝了霧濾鏡（fog filter），或者只是在整個片段裡添加「霧」化效果，就能讓影像變「平」一些。不過如果你繪製形狀，然後在應該遠一點的畫面區域中增加一些「擴散」，就可以為應該「較遠」的對象，帶來更大的距離感。並非每個片段都能如此簡單辦到，但這確實是另一種讓感覺深度不夠的影片，變得更「深」一點的方法。

此照片是張可以用來加入光線擴散效果的經典範例。使用長鏡頭使帝國大廈被壓縮靠近威廉斯堡大橋。只要在畫面的上半部分增加一點擴散，然後將上半部分色調稍微冷一些，再把畫面下半部分稍微變暖，即可增加原先影片所缺乏的深度。

當然，數位擴散和後製裡增加的少量冷調效果，一定與真實情況不符，下面這張存在大氣霧霾的同一位置影像，便可證明這點。

黑白影像

第一次處理黑白影像專案時，一般直覺應該是把整體影像完全「去飽和」。不過大部分的調色軟體和某些非線性剪輯軟體，都具有更完善的黑白影像工具，值得你好好學習。

我們從上圖可以看到，如果只將飽和度調低為零，影像就會變成單色調，但你已經移除了顏色訊息，因此無法對其進行操作。而如果改為使用如 Resolve 中的「monochrome」（單色）模式這類專用的黑白工具，便可進行更多調整。由於這種作法保留了顏色數據，因此你可以透過操縱基礎顏色訊息，變更黑白影像的最終感覺。舉例來說，在 Resolve 的

「monochrome」模式下，你還可以在影像中增減紅色、綠色和藍色通道。即使生成的影像完全是黑白影像，也可以透過提升紅色通道來增亮膚色，如下圖所示。

一旦找到自己想要的外觀後，便要把節點設置為單色模式。如果願意，也可以多增加一個節點，為亮部提升暖調並將陰影調冷一些，以便從原先完全平坦的單色影像，建立出更多的跳出感或深度感。不過為黑白影像增加顏色時，可能會比較花時間。

日光夜景

「日光夜景」（day for night）是一種攝影技術，可以在白天拍攝夜晚的戶外影片。雖然

《激流四勇士》劇照、*Deliverance* (1972)

在場景上需要使用很多技巧，並進行事前規劃（而且不需要人工照明的場景，例如車燈或辦公燈光，這些光線比不過太陽），但這仍是一種偶爾可以使用的技術。只要製作人員和後製人員緊密合作，這種功能便相當有效，可以製作出真實的動態影像。

由於一些老電影並無法使用我們今天這些數位工具，因此日光夜景的表現並不好。舉例來說，《激流四勇士》（*Deliverance*）是部低成本拍攝的電影，它的方法是用攝影機內置漸變濾鏡把天空變暗，藉以創造日光夜景的效果，因為當時並沒有我們在後製所用的「power window」（類似遮罩可獨立調整）可用。正如你在上面劇照所見，利用暈影來使河流變暗，也會使部分岩石甚至錢包變暗，因此形狀很明顯。相同效果在更現代一點的實現方法，可能會包括把暈影與去背組合在一起，並追蹤前面的手部形狀，以使所需區域變暗。雖然這部電影現在看起來可能覺得並不成功，但在電影發行當時，效果應該很好，因為品味和期望會隨著時間而改變。如果是在今天做這樣的效果，現代觀眾不太可能會滿意。

日光夜景確實常出現在現代電影中，例如電影《28 週毀滅倒數：全球封閉》（*28 Weeks Later*）（下面例圖所示），這種大範圍地點的拍攝，可能會有跟夜晚相關的實際夜間照明，尤其是夜晚這種「非製作」出來的夜間場景，要把路燈完全關閉，幾乎很困難甚至不可能辦到。不過這些影片裡的天空，很可能經過替換，因而有助於產生效果。

《28 週毀滅倒數：全球封閉》劇照、*28 Weeks Later* (2007)

在後製過程所製作的良好日光夜景，通常涉及到沉重的暈影以降低天空亮度，或甚至用繪製遮罩或遮版，以數位方式替換天空，並且要讓影像整體變暗與去飽和等。

許多調色師也經常會在影像上增加色偏，通常為帶點綠色的藍色色偏，以模仿「薄暮現象」（Purkinje effect、又稱柏金赫現象），這是一種物理現象，也就是在弱光條件下，會影響我們感知顏色的能力。人類在弱光環境下的色彩感受性很差，夜晚並不會讓我們覺得晚上的夜色偏「藍」，比較像是「變暗」與「沒有色彩」。然而由於我們對顏色的感知方式，會讓帶有藍色色偏、紅色／暖色的飽和度較低的影像，感覺就像是自然的夜色。

測驗 5

1. 何種工具可以用來選取影像中所有相同顏色的像素？
2. 處理膚色時，亮部的哪個範圍區域最適合？
3. 在調色間裡可以使用哪些方法來形成「深度感」？
4. 我們可以用一個形狀切割另一個形狀嗎？
5. 日光夜景的作業經常會加入何種色偏？

練習 4

將影片素材置入調色應用程式中，並練習在整個專案裡，讓某個東西始終維持顏色。隨著一段段影片裡的光線變化，你會經常發現必須進行額外調整，以使所選物件在拍攝過程中保持顏色一致。請試試看利用這類影片，轉換為夜間場景。

技術 6

追蹤和關鍵影格

調色師大部分的時間都是為電影工作，這通常意味著當電影製作者們，努力確保攝影機及其畫面裡的物件演示動態時，我們也必須讓調色的決策，因應影片中的變化而改變。

最簡單的動態變化方法，便是使用關鍵影格。如果你用過 After Effects、Premiere、Media Composer 或 Final Cut Pro 等軟體，應該很熟悉關鍵影格的基本概念，也就是選擇特定的影格（最「關鍵」的那個影格），然後逐步在它們之間轉換數值。

大多數關鍵影格都允許「動態的」（大多數關鍵影格的正常方法）或「靜態的」更改，在 Adobe 軟體中稱為「保持」（hold）關鍵影格。保持住關鍵影格將維持其當前狀態，直到出現下一個關鍵影格為止，也就是開始變化之處。

要查看關鍵影格的簡單效果，請使用任何片段，把動態關鍵影格放置在影片的開頭，然後移動到結尾處，放置一個新的動態關鍵影格。當播放到第二個關鍵影格上時，降低 lift、gamma 和 gain 控制。接著循環播放影片片段，即可開始看到影片在一個關鍵影格和下一個關鍵影格之間的動態變化。

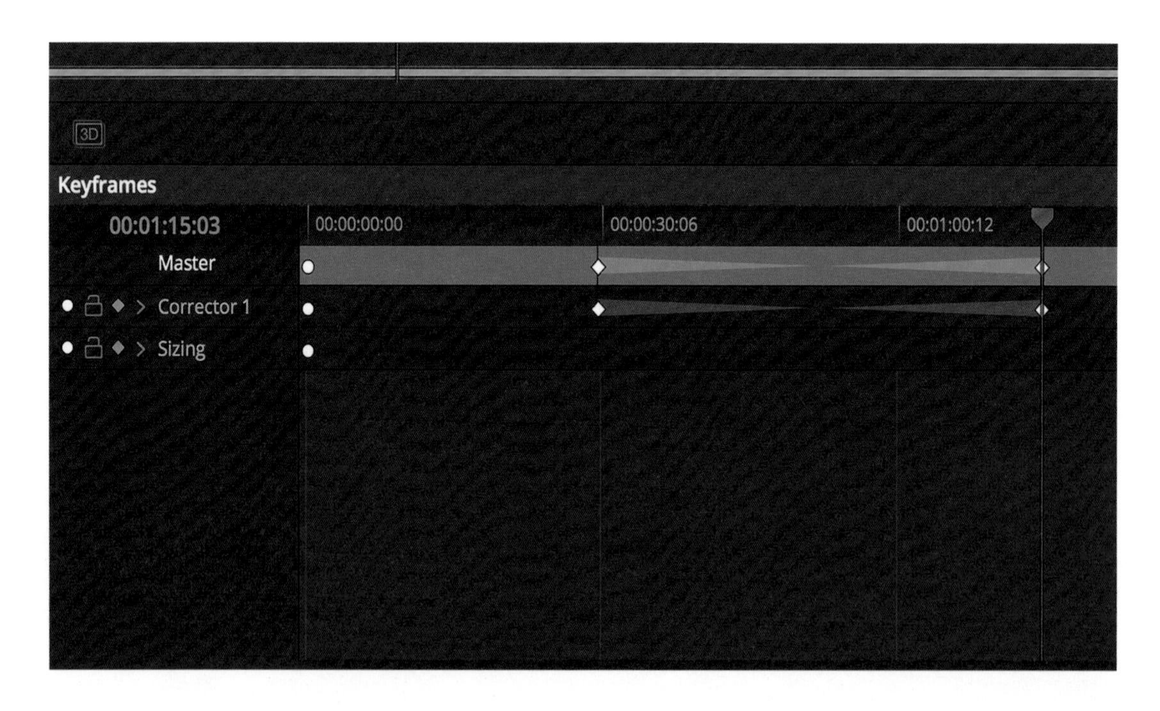

一旦置入關鍵影格，調色內容就會變得更加複雜。先前的作法都是我們可以在影片裡的任何時刻，讓整段影片變亮或變暗，然而現在你必須導覽到一個關鍵影格，然後對其進行調整。當然許多應用程式可以打開「自動」關鍵影格設置，不過除非你對自動關鍵影格的功能相當熟悉，否則可能會有點危險。如果你決定「整段影片都應該更亮一些」，我們身體上的肌肉記憶，往往會決定只讓影片變亮。如果沒有自動關鍵影格，變亮的動作無法進行，這時你才會想起「哦，我增加了關鍵影格」，然後才移至關鍵影格處進行調整。

而當你使用自動關鍵影格設置時，如果想要調亮，它就會變亮，但它同時會建立一個全新的關鍵影格。當影片開始「正常」之後，你可以移到新的「明亮的」關鍵影格處，也可以回到剛剛「黑暗的」關鍵影格處。因此自動關鍵影格相當好用，只是需要「習慣」其用法。

形狀則會帶來另一種麻煩。雖然我們在觀看影片時，突然決定要讓形狀更羽化一點的情況相當常見，不過一旦添加了關鍵影格，你就必須在每個關鍵影格處增加該項羽化，或者是使用「波紋工具」（ripple tools）處理。因此請養成良好習慣，也就是在添加關鍵影格（包括對形狀進行任何調整）之前，盡可能完善處理影片的調色內容。一旦你對影片片段大致感到滿意之後，再開始遍歷整個片段，為應該微調處開始增加關鍵影格，使整段影片可以變得更好。

這裡剛好適合回顧我們在「形狀」章節裡，曾經討論到的「合併形狀」概念。當然你也可用一般方式新增第二個形狀，再與第一個形狀組合。不過我們還可以組合出「從一種形狀減去另一種形狀」的新形狀，也就是一般所稱的「遮罩」（matte）工具。就像在拍攝時會使用的藝術遮罩一樣，可以在畫面中間切割出一個形狀。把遮罩和關鍵影格組合起來非常快速好用，因為這樣就可以在一個形狀前面，靠著關鍵影格，用另一個形狀在它前面作為「移動的遮罩」。

這點也可以解決形狀工作中最棘手的部分：由於我們是在動態影片裡進行操作，因此形狀也會時時變動，遮罩形狀的物件經常會在需要修正的對象前面或後面移動。這當然需要花費時間和精力去微調，不過同時使用這些工具之後，便能進行非常複雜的修正。一旦你熟練使用這類自動化工具之後，工作就會變得更輕鬆。

關鍵影格已經存在幾十年，儘管仍然是主流作法，不過動態更改影片片段的其他方法，也變得越來越流行。如果你需要在畫面裡移動形狀，依舊可以使用關鍵影格來實現，不過現在幾乎每個主流軟體，都有某種自動「追蹤」畫面中某元素的方法，操作上也相當容易。

軟體中的追蹤功能並不是萬能的，但在許多情況下，它們會是你在調色應用程式裡把形狀與欲操縱目標「一起移動」的快速方法。請將隨附下載影片「cellphone」置入調色軟體中，並在 logo 周圍繪製一個簡單的正方形。

如果啟用「追蹤」（Resolve 裡按 command+T）功能，應該就會看到該形狀與手機同步四處跳動，而且還會帶有一系列白色小點，這些點有時會交叉，代表該軟體已判斷出來的所有「追蹤點」。

追蹤和關鍵影格也可組合在一起。舉例來說，如果你追蹤的是一個正在奔跑的人，而且是在樹的後面奔跑，因此追蹤範圍常會被樹擋住。透過停止追蹤，再向前移動幾個影格，然後重新追蹤，便可建立一個乾淨的軌跡，這個軌跡就可用在必要的操作上。

如果平常有觀察追蹤的效果，應該可以發現追蹤常見的一種應用，也就是「移除 logo」。雖然這件事以前通常是由特效師完成，不過現在也會被認為是影片整體「修整」的一部分，而且會要求調色師來執行，你只要在 logo 上加點模糊便可將其移除。

不過現在有許多製作人並不喜歡模糊的作法，幸好一旦追蹤完 logo 之後，我們的工具庫裡還有一個更強大的工具，可以用來移除 logo：節點大小的變化。通常我們擁有調整影片片段所需的各種縮放大小控制器，但你也可以只在節點上進行這些尺寸的變動。透過平移和傾斜節點，應該就有辦法「移動」影片裡的某個部分來覆蓋 logo。一般在拍攝有汽車的影片時，遇到不希望汽車「品牌」出現的要求，我們就會將進氣格柵的一部分，移到品牌 logo 上。這樣就可以建立一個「無瑕」的進氣格柵，大多數觀眾應該都看不出進氣格柵上有東西被移除了。這種過程通常會涉及到許多技巧，因為必須確保格柵不會移動到大燈之類的物體上，不過只要花點時間就可輕鬆辦到。

藝術

6

客戶和決策

調色師工作的困難之一，便是必須在團隊中建立「共識」。這種困難之所以加劇的情況，在於調色通常是製作過程的最後一個步驟。即使是在製作前期開始時，像夥伴一樣快樂相處的一群人，到最後可能也會產生磨擦或反目。因此在理想情況下，一位客戶或一群客戶會在調色時一起坐下來進行明確的決策，不過事實並非總是如此順利，因此能在決策流程時進行順利，便是使自己的事業蓬勃發展的主要技能之一。

跟你合作的每位客戶都會擁有不同的關注點。有時是攝影指導較注意關注外觀，有時攝影指導較因工作時間衝突，無法親自參加會議，變成會議是由導演或製片人主持的情況。不過對於不同類型的客戶而言，了解他們扮演的角色以及他們的關注焦點所在，通常會對你的工作很有幫助。儘管音樂影片和商業廣告都有其特殊的複雜性，值得獨立出專門的章節來探討，不過我們要在這裡討論的是獨立專案、工作室專案、網路專案，以及公司專案等。

獨立影片

「獨立影片」（Independent feature films）通常是大多數人想從事電影行業的原因之一。這些成本雖小，但充滿熱情的影片製作者跑來找你，他們的願景特質感動了你，讓你願意參與製作。因此獨立影片通常很容易就能確定推動製作流程的「關鍵決策者」，亦即擁有多項頭銜的劇作家兼導演兼製作人，同時也就是那個推動整個流程前進的人。

但是，在獨立影片製作裡出現最多的奇怪狀況，便是導演對自己的技術能力感到「懷疑」。儘管許多獨立電影導演的確有視覺設計上的要求，也並希望能製作出完美的影像，但這些導演多半來自寫作、表演或劇場背景，或者真的是非常新手的菜鳥，所以希望能「以你為主，你才是專家」。

對，我們當然是專家。因此在這種情況下，調色師需要比正常情況下進行更多視覺上的操作。因為這位對自己的技術水平表示懷疑的獨立電影導演，會希望自己夠聰明的聘請到具有清晰、獨特願景的攝影師，還希望攝影師能夠參與其中，直到最後看完調色為止。

如果你發現自己跟導演合作時，他完全不知道自己希望電影外觀看起來像什麼，而且準備完全聽你的話時，請先做好心裡準備，因為這可能會帶來某些風險。如果你做的是比較風格化的外觀，或嘗試使用音樂影片風格時，他們很可能在調色間裡說喜歡，但稍後卻退縮說：「我們好像調過頭了 ...」。他們很可能會在你認為已經完成作業三週之後，在語音郵件中說出這句話。因為他們想多花點時間（通常是免費的），嘗試截然不同的色調風格。

當你遇到對專案一無所知的導演或任何客戶時，最明智的舉動是先暫停下來，關掉你的調色軟體，並開始進行溝通。例如在 YouTube 上播放一些電影預告，翻閱一些雜誌影像，然後跟他們討論劇情內容。

從電影範圍以外的各種地方尋找靈感固然不錯，但「什麼電影最接近這個故事的靈感？」會是一個很好的問題。觀看這些電影的預告片，擷取一些靜態影像，然後在重新開啟軟體時，嘗試將影片片段與這些靜態影像匹配。

並非每部獨立電影都會發生這種情況，但這確實是相當常見的狀況。如果你希望這位導演在下一部電影還會再找你，也就是他們可能在時間和金錢預算更有利，並且對自己的工作內容也更有信心的時候，你便要先確保目前這部影片能夠合作順利。做到這一點的最佳辦法，並不是照單接管他們的願景，而是與它們一起「合作」，讓他們對自己的電影願景充滿信心。很多導演會說：「我對色彩完全不懂」，但如果你開始討論他們最喜歡的電影，或是啟發這部電影的那些經典電影，然後擷取靜態影像，並調整相互匹配的影片外觀時，很可能就會發現他們其實對影像外觀是有願景的。

片場專案、網路電視、大型製作等

隨著專案規模的擴大，越來越多的專業人員開始投入製作行列，因此精準確定誰擁有「發言權」，也會變得越來越重要。調色師通常很早就會參與製作流程，甚至開始拍攝之前，就會與導演和攝影師合作在現場進行影片外觀的預覽，監督現場的數位成像技師和負責該專案的調色師，以確保影片在可能歷時幾個月的拍攝過程後，在最終檢查時能呈現正確的色調。因此調色工作等於從頭到尾持續幾個月的過程，而且還要等待 VFX 片段完成，且各層決策者都做過最後的確定為止。

即使面對的是中等規模的專案，如果你必須與更大群客戶甚至更多背後的決策人士打交道，也許就應該考慮使用「預調色」（pre-grade）之類的作法。在這種情況下，你（或助理）至少要完整瀏覽過影片素材，並在每個片段上都放置第一個平衡節點，將過場平順化，並匹配不同片段色調，而且先不必太過擔心畫面裡的微小細節，只需先把大範圍的色調調整好即可。如此一來，即使還沒真正進行影片調色，它們至少也已被「大致」調過顏色。不過一些高階的攝影指導和調色師會避免這種做法，而是要求一開始能從「最新鮮」或「最接近現場」的素材看起，但這是需要考量、抉擇的作法。如果你察覺自己的工作進度太慢，那麼特別挑剔或龜毛的高級主管們，也可能會因此把你從這項專案裡剔除。而「預調色」的作法，便是讓這些決策者們願意繼續跟你待在調色間裡，所應預先完成的繁雜「前置作業」。

演出者認可

如果調色還必須經過演出者認可，你絕對會希望早點得知。因為有些演員和音樂家，對其出現的所有作品都具有影像認同條款。這是整個電影製作業務範圍的正常合理要求，因此你應該在要求出現之前便先做好準備。

這裡的解決關鍵是多為自己留點時間。絕對有很多調色師，完全沒意識到特定演員具有影像認可條款，所以沒有為來回討論過程留出時間，但這件事總是要處理的。如果電影涉及知名演員，請提前向客戶詢問相關事宜。

公司專案

公司專案通常兼具獨立影片和大型專案的問題特徵。儘管獨立影片專案需要對客戶進行大量教育，但決策人員通常不會太多。片場專案的經驗較為豐富，但擁有發言權的人數眾多，而公司專案幾乎就是非常具體的「組合」：既要對客戶進行教育，又要引入更多決策者參與最終結果的討論。

行銷總監

在大多數公司專案的工作中，你將面對的是單獨的製作公司、內部製作的公司專案或公司內部行銷經理（或總監）的意見交流。這種情況下的問題在於，他們通常並非專案的最終決策者。而且幾乎都會用遠距作業方式（大量公司工作已轉移到遠端，使用諸如 masv.io 之類的工具來搬移影片，並使用 frame.io 之類的工具來附註），而且會在你進行專案工作時，即時提供回饋以確定影片外觀風格。

然而表面上雖然像獨立影片，有導演甚至攝影指導一起出現在調色間裡，也能很快速由遠端觀看剪輯並獲取即時回饋，但是行銷團隊的作法通常會很慢。因此你最好在發送的每次作業流程中，設置一個「計時器」般的截止時間，例如「48 小時內需要一致性（Unified）的註解，否則便認為專案已交付。」大多數公司裡的影片相關人員已經習慣工作上有這類截止日期，也可能會要求你多給他們一點時間決定，但請注意這種作法是為了讓自己的作業能夠順利進行。

你可能也必須闡明「一致性」註解的意思，亦即他們必須將所有人的回饋，合併為一致的意見。因為有時客戶會把影片連結傳給整個團隊，因而你會在同一封電子郵件中看到「暗一點」和「亮一點」兩種說法。如果是在調色間裡當面說的話，你可以輕鬆嘗試找到使雙方都滿意的解決方案。然而在遠端專案中的這種衝突，不應該由你來解決，因此你應指定讓客戶方自行達成團隊共識。

但所有公司專案的最大麻煩，便在於實際決策者通常根本不參與這項過程。儘管最終的決定權可能取決於行銷副總裁或甚至 CEO 的肯定，但行銷經理通常會猜測老闆想要什麼，並在實際給他看任何影片之前，盡可能使作業能夠進行下去。因此當你認為已經為影片調好漂亮的黑色電影風格時，很可能會突然得到一項指示：「太糟糕了，我們想要一個明亮的浪漫喜劇風格」培訓影片。

這點相當麻煩，因此通常最好透過電話而非電子郵件來解決。但如果你能提早詢問「誰對這項專案有最終同意權？」的話會更好。雖然你很難讓公司裡的某個人，不斷地拿給老闆觀看每一次的修改，但最好還是能夠掌握誰擁有最終同意權，以及他何時可以觀看這些影片，以便讓你可以相應地規劃時間和工作量。

對於電影製作者而言，這點尤其棘手，因為我們已經習慣了擁有最後發言權的人（導演、製片等），他們非常投入，願意花很多時間研究修改並提供回饋。然而在企業界，事情的運作方式往往大相徑庭，其目標是佔用高層決策者最短的時間。其實這是合理的，所以在規劃時程也必須考慮進去。

執行長

在許多公司的工作項目裡，最終的決定權都在首席執行官 CEO 手中。雖然這點聽起來有些奇怪，因為首席執行官似乎有許多更應該擔心的事情，不過仍然有許多首席執行官喜歡批閱所有事情。我曾經幫一家 PC 電腦公司製作一系列公司專案影片，該公司拒絕觀看任何 QuickTime 格式的 .mov 影片（Mac 專屬），因此我們在工作流程的最後一步，還要加上把所有內容重新製作為 Windows Media Player 影片的 .wma 檔案的時間，以供首席執行長批准。

由於導演、攝影指導和後製公司全部都用 Mac，所以這種轉檔的作法當然可能造成色偏。不過在 CEO 批准之前的流程裡，大多數工作確實都是透過 Mac 進行處理。

因此，請買一台 PC 筆記型電腦（為安全起見，最好是廣告所要宣傳的那家 PC 公司的產品）來觀看這些內容。以便在發送 wma 檔案之前，確保它們看起來正確無誤。當然能找到 CEO 所用筆電的正確型號更好，但由於我們無法確認，因此只好使用最接近的作法。

在許多公司專案中，直到 CEO 看完認可之前，你都不能自信的説它一定會通過、任務完成、準備繼續進行下一個專案 ...。

學會像攝影指導一樣的思考和交談方式

在理想的世界中，無論你何時進行工作，攝影師都必須待在調色間裡共同討論。儘管現實並非如此，但攝影師確實經常會在調色間裡，因此重要的是要了解他們所使用的語言，以便在合作時，能夠以更有效的方式與他們進行對話。

曝光級數

「stop」（曝光級數）是指光線的加倍或減半。由於人類視覺系統會自動適應的緣故，光線加倍在我們的眼睛看起來是一樣的。因此，從 5 燭光（footcandle、英尺燭光，指距離一英尺的單一蠟燭所發出的光）到 10 燭光，跟從 100 燭光加倍到 200 燭光的感覺相同。

我們對光的感應，以及視覺系統對光的回應是呈「對數」增加，而非線性增加。因此「stop」被發明成為一種在計算中考慮到「光照值」的方法。當你跟一位眼科醫生說「請用曝光級數來增加光線」，要比「請增加 100 燭光」的說法容易得多。因為如果從 50 燭光開始增加，到了 100 燭光可能已經算很大的差異，但如果你已經從現場的大型照明設備照出了 5000 燭光時，這樣一點小差異根本看不出什麼區別。

攝影機拍攝時的鏡頭（硬體），也以「stop」為光圈單位進行測量，其工作方式也是如此，可以把到達感光元件的光加倍或減半。你可以用「stop」來調整感光元件的靈敏度，也可以用「stop」來調整燈光的亮度。

有時你會聽到某些攝影師在調色間裡，用「stop」來談論最終影像的亮度或暗度。他們可能會說：「把窗戶的亮度減一個 stop」，或者「把整個畫面調亮一個 stop」。這是他們長期養成的習慣，但在後製作中對影像的處理方式，並沒有這種嚴格的定量調整。由於不同攝影機具有不同的寬容度，而且影片是在線性系統上作業，因此無法直接連動。所以請直接嘗試讓影像或區域變亮或變暗，直到 DP 發出「woof」（肯定）吧。

Woof

雖然這並不能說是常見的情況，不過確實是廣泛到足以引起注意。因為在劇組拍攝裡，「stop」具有特定的含義，用來指改變鏡頭的光圈。所以在許多拍攝時讓某人完成這項操作後（舉例來說，攝影助理放標記或動過攝影機後），他們的習慣不是說「stop」，而是會說「woof」（類似嗯的肯定詞）。因此當你達成攝影師想要的調整時，可能就會聽到這個聲音。

Key、尤其是 Over Key 或 Under Key

影像中的「Key」（主光）是指會投射陰影，並且會為中心主體賦予形狀的光。如果是在非常簡單的採訪場景設置裡，通常會看到攝影機稍側面發亮的光，投射在人臉上，並投射出鼻子和頰骨的陰影：這就是主光（key light）。

在學習曝光的初期階段，許多攝影師會被告知把「曝光級數」設置為「主光」。如果你為演員點一盞發出 T4 的「主燈」，則在拍攝鏡頭上設置為 T4，然後曝光級數便為「at key」（與主光同）。因此若希望某個特定演員的臉色暗一點，則可以將其設置為「under key」（低於主光），例如將鏡頭設置為 T4，其照明便只設為 2.8。於是你常會在現場經常聽到這樣的説法「把它稍微低於主光」（a hair under key）。在這種情況下，他們談論的是「主要曝光值」（key exposure），即鏡頭上的 T 型光圈值。

由於並沒有可以一鍵設置為「主要曝光值」的「主燈」，因此請將「曝光級數」設置在中間灰，大約 45 IRE（亮度單位）。如果他們希望反派角色的臉「稍微比主光暗」，你可以把他們變的很暗，甚至可能到 30 IRE。所以當我們說「over key」（高於主光），通常就代表更亮一點，接近曝光範圍的頂部。

光比

「補光」（fill light）是在場景中，以燈光設定陰影暗度與對比的主要方法。補光燈通常是非常柔和的燈光（不會讓物件投射出陰影），如果可能的話，應該會從攝影鏡頭上方同軸發出光線。而主光光量與補光光量的比值，也是照明團隊之間經常討論的問題。「主光／補光比」代表其原始光量的比率，因此，如果主光比補光亮度高 2 級數（stop），其光比變為 4：1，而高 4 級數的主光亮度比上補光則為 16：1。下面這張例圖裡的高光比值（使用粉紅色主光），有助於營造場景所需更「戲劇性」的感受。

當然由於感光元件的寬容度和後製處理，都會影響到光量的對比度，因此這並不是影響對比度的所有可能，不過這是確定影像對比度的第一步。而理解攝影指導在討論「光比」（主光／補光比）時，就是他們正在談論「對比度」，這對任何調色師都很有用處。如果攝影指導建議「提高光比」時，很可能就是在討論要調暗場景裡的陰影部分。

測驗 6

1. 何謂「光比」（主光／補光比）？
2. 靜態影像與「保持」（hold）關鍵影格和動態關鍵影格之間有何區別？
3. 當攝影指導要求某物件「at key」（與主光同）時，是指什麼意思？
4. 攝影所用的「stop」是什麼意思？
5. 如果有人在調色間裡說了「woof」，你該怎麼辦？

練習 5

現在應該開始嘗試調整更複雜的動態片段了。請將隨附下載動態影片放入調色程式中，控制畫面裡的特定區域，然後確保你所做的調整出現在整個影片片段上。

技術
7

插件、雜訊修正與重處理

大部分經過正確設置以進行調色作業的電腦（具有強大的 GPU），應能都能在以音頻、高畫質或 4K 素材下，在一定的顏色調整時進行即時回放。不過有些效果需要更多處理能力才能辦到，其中最常用的效果便是雜訊修正（noise correction），它能以簡直不可思議的能力，消除影片畫面中的舞動雜訊而大受歡迎。

在深入研究雜訊修正的細節之前，最重要的是要充分了解「暫存」（cache）的功能。與應用程式的內建工具相比，外掛插件（plugins）和效果（effects）都會佔用更多的處理器資源。儘管某些插件和效果感覺輕薄短小，但這些插件和效果可能都需要某種程度的「渲染暫存」（render caching）來建立「即時回放」（realtime playback）。「caching」的發音類似於「cashing」（兑現），就像從賭場代幣換成金錢時一樣，「暫存」便是電腦將影片的某個版本寫入記憶體，讓它更容易播放的過程。在規模較小的工作站上處理重磅特效時，暫存就變得非常重要，因為它可以讓你「即時」觀看特效的成果。

暫存需要經過仔細規劃才能正確執行。首先，你必須確保已經設置好夠快的高速暫存硬碟用來處理特效。SSD 硬碟播放檔案的速度通常比傳統 HDD 硬碟來得更快（你可以使用「Blackmagic Disk Speed Test」，這是一個用來測試硬碟速度的免費應用程式），因此在大多數的專案中，把特定的 SSD 硬碟附加到系統上作為暫存用途，是一種相當值得的投資。這種方式可以將系統設置為在有必要的情況下，於後台寫入該硬碟中，以確保你的設置可以快速播放且易於查看。

雜訊修正之類的效果，通常會套用於單一節點上，而大多數現代應用程式，除了會暫存影片之外，也會允許暫存單一節點。如此便可允許應用程式將該節點渲染到記憶體中，讓你可以在後面的節點繼續進行作業，而不會「斷開」與暫存內容的連接。因此我們可以對影片進行雜訊修正，將其暫存，然後在必要時繼續處理影片的其餘部分。

這點對於雜訊修正非常有用，因為雜訊修正仍然是需要處理器密集運作的過程，很少會在調色時才即時進行。因為要消除影片中的雜訊，軟體必須分析影片內容以查找影像訊息，並要嘗試辨別每個單獨像素到底是影像訊息或雜訊。如果你對隨附下載影片「stonewall」進行分析，就會發現這種作法非常耗時，因為世界上有太多物體的紋理看起來就像是「影片雜訊」。

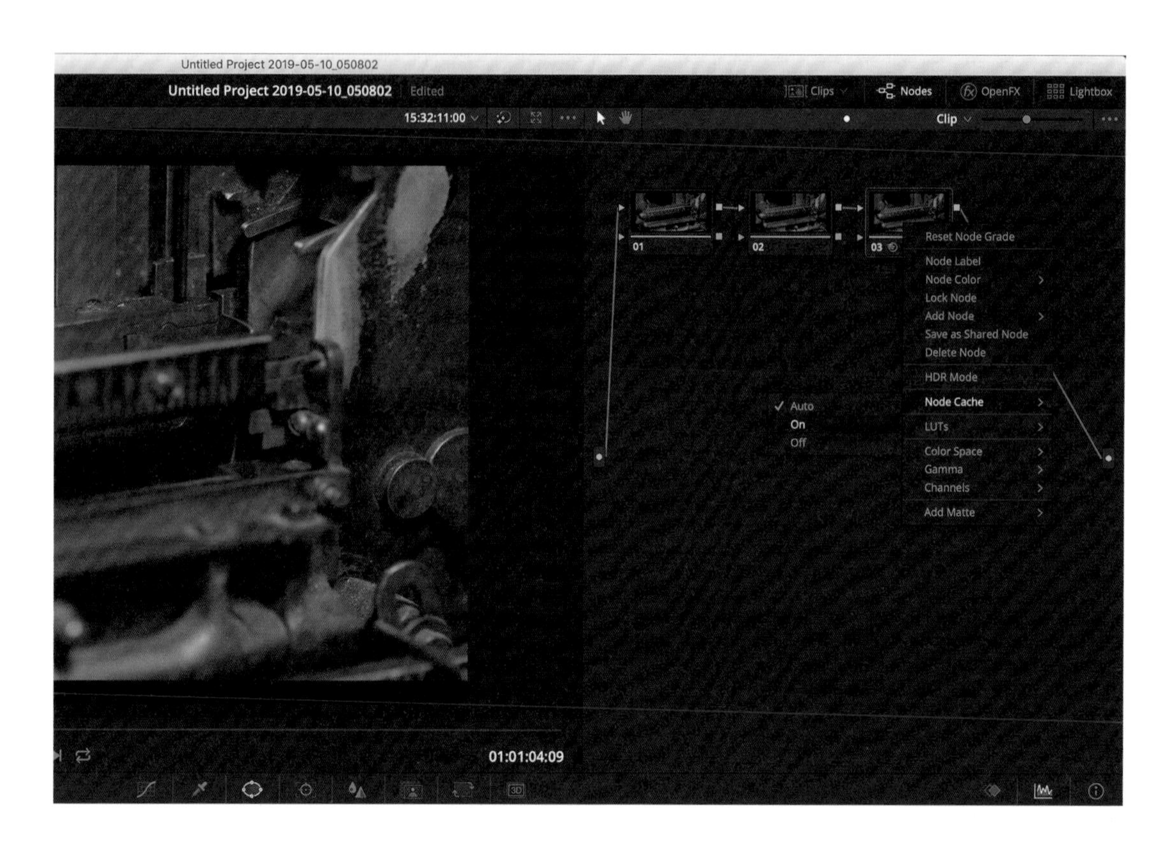

有一種更強大的雜訊分析方法稱為「時態雜訊修正」（temporal noise correction）。這種方法會查看影片的每個影格，並將其與影片上兩側的影格進行比較。由於雜訊在周圍「舞動」著，因此逐一影格保留在同一位置的影像訊息，便不太可能會是雜訊，這種方式可以讓軟體更輕鬆地判斷出雜訊，並將其從影像中刪除。當你用來識別雜訊的整組影格範圍越大，其雜訊修正的精密度就越高，但花費的時間也會越長。

這類修正的主要缺點是在處理帶有許多動作的影片片段時，可能會產生假影。如果對坐著受訪，並以正常速率說話的採訪影片進行雜訊修正，那麼時態雜訊修正效果可能非常棒。但如果是對跑步中的腳部動作特寫進行處理時，隨著軟體面對快速動作時的緩慢猶豫，你也會開始看到更多的假影。其中爆炸、流水和毛髮飄動對於時態雜訊修正而言，尤其困難。請記住，它的作法是觀察改變影片的像素以尋找雜訊；而由於高速移動影片下，每個畫面都會獲得更多像素，因此增加了軟體無法判斷而產生假影的可能性。

在上方例圖中，你可以看到動態雜訊修正前的影片擷圖；背景光的散景就在手指的背面，它會在整個畫面裡快速移動。啟用雜訊修正效果後，你會看到前面肩膀的假影加重了，這是由於演算法因過度運動而無法精確判斷的結果。這也是一種常見的假影，你會在運動過多的動態雜訊修正影片中，看到這種假影。若要解決這個問題，可以嘗試轉向範圍較小的影格組，調低雜訊修正的程度，或是切換成純為「單一影格」做雜訊修正。

從動態假影上來看，在影片中去除過多雜訊，往往會讓整體影像看起來有「油畫感」。設置正確的雜訊修正程度，便是要評估所有參數設定的總和，找到合適的數值來消除影像中的雜訊，但不消除正常的紋理部分。在此靜態畫面中，你仍然可以看到左側是未經雜訊修正的片段（其實並不需要修正），右側則套用了較重的雜訊修正。對許多人來說，這種臉上表情的樣子，可能就是大家都熟悉的手機影片那種被過度處理的情形，也就是軟體對低照度照片進行大量雜訊修正的結果。

如果影片裡有過度動作，導致動態雜訊修正無法在影片裡正確執行，那麼接下來便應考慮進行「靜態」雜訊修正。也就是一次性查看片段中的單一影格，並試圖辨別何者為雜訊，何者不是。這當然比使用一組多個影格的方式更局限，而且往往會快速導致產生油畫感，但有時你可以在影片動作過多，因而無法進行動態雜訊修正的難解情況下，進行這種操作。

雖然簡單的使用廣播級顯示器，並憑個人喜好判斷，就是進行雜訊修正時分析影像的好方法了。不過如果想要比較「before／after」（之前／之後）的判斷時，許多應用程式都會提供另一種非常有用的模式，有時可以稱之為 A／B 模式。一般而言，這是與「亮部」（highlight）模式（亦即我們在形狀和遮罩一章所討論過）相關的功能之一，在這種 before／after 模式下，便可能秀出影片裡變動的內容。這點對於雜訊修正相當有用，因為在抑制程度較低的設定下，通常只能在 before／after 的模式看到微弱的雜訊紋理。所以這點確實很有用，因為這就是我們想要從影片裡消除的雜訊。但隨著數值逐漸調升，就會開始看到圖片裡的某些東西出現在 before／after 模式顯示裡，這些通常是主要物件的輪廓了。遇到這種情況就應退回一些，因為這也會是最佳通知，告訴我們已經把雜訊修正推得太遠了，不僅開始消除了影像中的雜訊，也開始消除了有價值的圖片訊息。在下面這張例圖裡，我們雖然可以在 before／after 模式（Resolve 中的 A／B 模式）下，看出演員的臉部輪廓，但很明顯是雜訊修過頭了。

當然，並非所有雜訊都是相同的。尋找畫面的中間調或較亮區域，放大並查看雜訊以識別其特徵，通常是個不錯的方法。看起來主要只是黑點白點嗎？雜訊帶有顏色嗎？多數的雜訊修正工具都可以讓你把雜訊修正僅限亮度或色度的部分。雖然軟體預設會把它們連結在一起，但如果取消其連結，就可以讓某一邊的修正多過另一邊。例如影片裡只具有亮度雜訊（黑白雜訊），且只有一點點顏色雜訊時，便可把亮度滑桿推至比色度滑桿更高的位置，藉此減少假影，獲得更好的效果。

如果發現雜訊不光是顏色雜訊，而且還特定出現在單一顏色通道（舉例來說，全部都是藍點），便可考慮使用平行節點，將影像分為三個顏色通道來修正，然後只在出現雜訊的顏色通道上修正問題。這樣通常可以在不出現假影的情況下，把修正推得更多一些。而如果是換成在「所有」顏色通道上一起修正，雜訊修正器便會「過度修正」，因為在努力消除藍點雜訊的同時，就會在紅色及綠色通道產生油畫感。

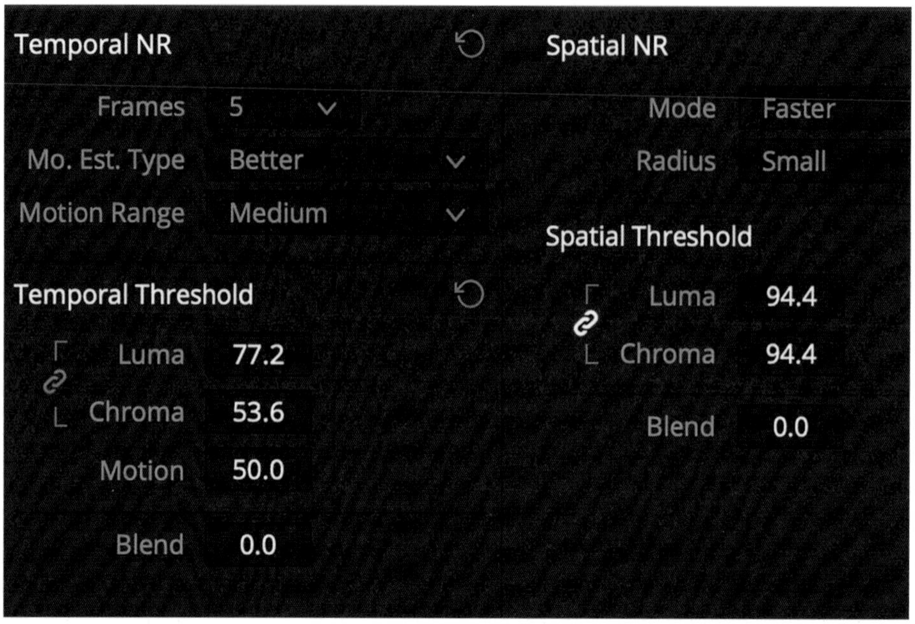

Temporal NR
Frames 5
Mo. Est. Type Better
Motion Range Medium
Temporal Threshold
Luma 77.2
Chroma 53.6
Motion 50.0
Blend 0.0

Spatial NR
Mode Faster
Radius Small
Spatial Threshold
Luma 94.4
Chroma 94.4
Blend 0.0

像之前所提過的，你很可能會想在「靜態」影格上，進行很多這類修正工作，不過最好能在循環播放的影像上進行修正。這是為了確保不會出現詭異的動作假影，也確保影片能與前後片段的雜訊程度相互匹配。多數影片裡都會有一些較為和緩的雜訊，這是人們所習慣的，如果刪除所有影片裡的雜訊，有時會使某段影片在影片序列中顯得與眾不同。而當你按下播放鍵時，由於系統正在處理雜訊修正，因此你可能會發現自己觀看的影片前進緩慢，無法順利即時顯示，這也是將影片預先渲染到暫存區的好時機。

長時間等待渲染以進行雜訊修正之後，就能明顯的看出「節點暫存」為何會如此好用。現在請試著在隨附下載影片「noisy」上，使用三個序列節點的方式。如果把雜訊修正放在中間節點，就暫存節點 2。然後在節點 3 上進行所需的任何更改，但節點 2 上的暫存保持不變。這種作法在功能較差的電腦上工作時，特別有用，因為雜訊修正過程非常漫長，所以通常會放在調色過程的中間步驟開始進行。

事實上，有些比較少見的情況裡，甚至有可能會讓你想在第二個與第三個節點進行雜訊修正。如果你真想這麼做的話，便請儘早執行，亦即可以先建立較乾淨的遮罩，接著在後面的節點合成。因為在某些片段裡，你可以稍微修正雜訊，以便裁剪出乾淨的遮罩，接著在末端節點使用「顆粒產生器」（grain generator）把雜訊加回去。雜訊修正是一種破壞原始訊息的人為數位處理，因此在嘗試進行此項操作時，請謹慎判斷是否可從雜訊修正中獲得更好的遮罩效果，當然在特定情況下，肯定會很有幫助。

現在讓我們來看看系統上所安裝的插件或效果中，可用的所有「其他」選項。幾乎所有調色應用程式都允許安裝第三方插件，或安裝許多由廠商自己設計販售的額外插件。這些插件可以用軟體工具所沒有的功能來處理影像。而且幾乎每個應用程式都有某種「膠片顆粒模擬器」（film grain emulator）或「顆粒產生器」，讓你可以把顆粒感加回影像中。這看起來似乎只有在模仿特定影片外觀時才會使用，但實際上卻很常用在節點樹中，處理那些雜訊修正過多的片段。

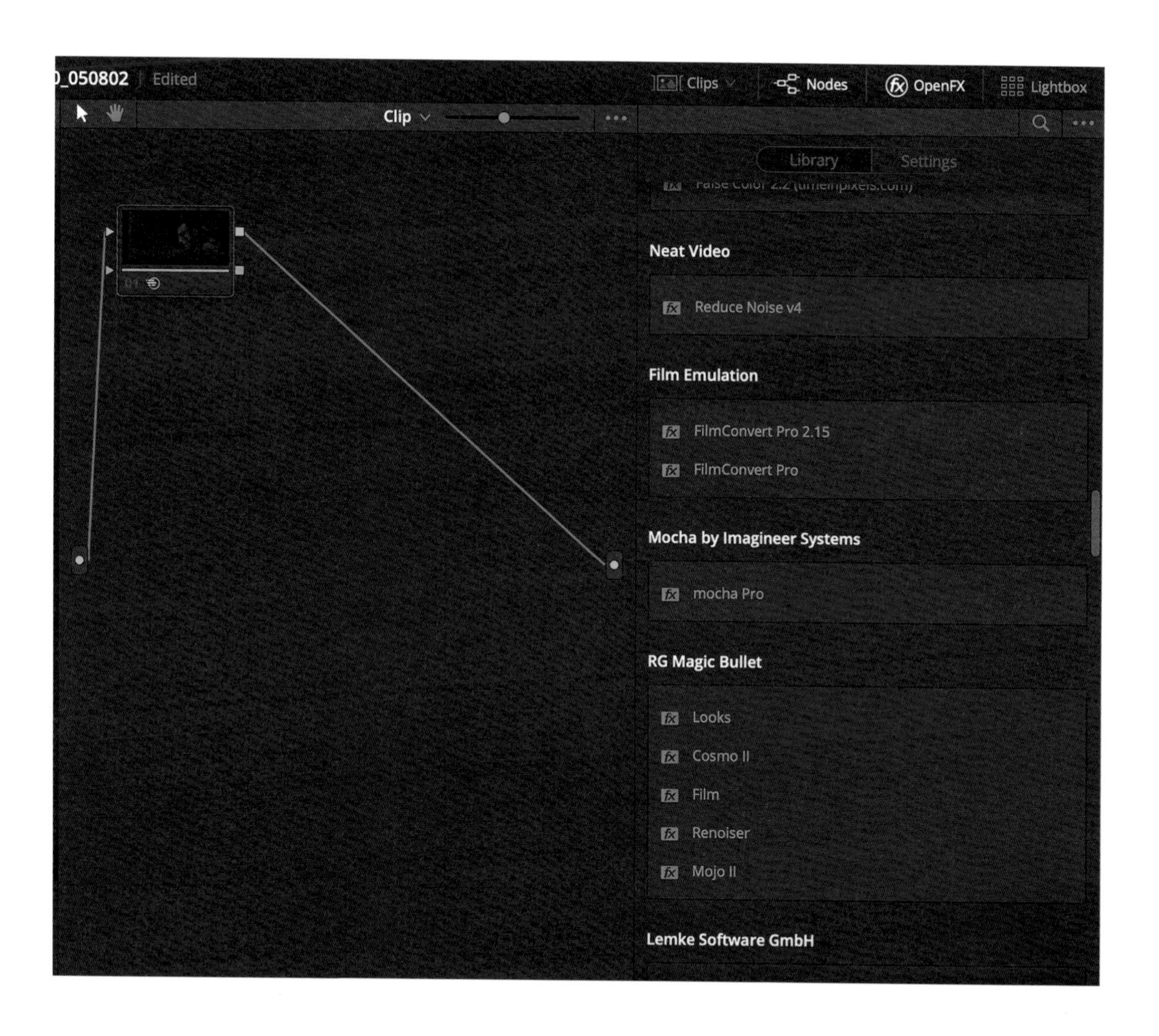

電影的「顆粒插件」是非常棒的工具，因為電影經過百年以來，已經讓我們適應了影像本來就應該帶有一點雜訊，我們除了可以接受些許雜訊之外，甚至也會鼓勵套用顆粒感來開發更多的影像可能性。儘管技術愛好者總希望能獲得最乾淨、最清晰的影像，但目前大多數觀眾似乎還對顆粒感有著依戀。我不知道這種感覺是否會存在於成長中的這一代（也就是沒有膠片顆粒感背景的這些人心中），不過目前看來，人們普遍仍會喜歡帶點輕微顆粒感的電影。

儘管數位攝影機通常會把「雜訊」一併擷取入攝影機中，但「數位雜訊」和「膠片顆粒」的雜訊外觀仍會有所不同。膠片顆粒本身具有各種形狀和尺寸，常出現在影像的中間調裡，而在影像的陰影和亮部中，膠片的顆粒並不會特別明顯。但數位雜訊卻非如此，數位攝影機的陰影中，通常會出現雜訊較大的訊號。因此我們常會使用一個隔離出陰影的節點，對其進行雜訊修正，然後將模擬的膠片顆粒加到下一個節點上，以建立更令人愉悅的紋理。

除了 Resolve 內建的膠片顆粒插件，以及 Boris 和 Red Giant 等廠商的顆粒插件之外，還有另一種流行的方式可以把顆粒感加入你的專案中，也就是使用「顆粒掃描」（grain scans）的作法。這些販售的數位影像檔案，真的掃描了膠片的顆粒，以便覆蓋並合成到你的影像上。有很多人喜歡這種掃描過的「真實」感受，因為它們是真實的膠片顆粒，而非由軟體生成的數位複製。

我們在此要給所有接案工作者一項建議，在一處新地點開始進行工作之前，請先快速瀏覽對方伺服器上預先安裝好的「效果」，以及任何「grains」檔案夾。確保他們已安裝了你常用的效果，也可查看它們是否安裝了你尚未用過的某些效果。還可以趁午餐休息期間，在新系統上試用這些濾鏡和插件。如此不僅可以擴充自己的技術能力，也像是用餐時刻的娛樂休閒。不過你當然也要花幾分鐘的時間，走到戶外休息眼睛，接觸日光。

接下來要談的是許多 After Effects 和 Photoshop 用戶應該都很熟悉的一個注意事項：儘管大多數插件上的「預設」設定通常效果都會強的有點突兀，但只要這些插件降低參數或與其他效果結合使用的話，通常效果都會很不錯。舉例來說，我們很少會單獨使用「浮雕」（emboss）效果（如果你的軟體有此功能的話），但如果把「浮雕」效果與圖層混色器結合使用的話，就可以建立非常酷的「漫畫」樣式效果，可以將原始圖片訊息及其浮雕版本重新結合。幾乎每個插件和效果都可以讓影像達成某種結果，製造商所建立的預設設置，確實可以讓你知道這些效果在做什麼，不過只有在幾乎完全調低插件參數後，這些插件程式才會在調色間裡發揮真正的威力。

商業廣告

藝術

7

在深入探討「商業廣告」領域之前，必須先了解「廣告內容」與「TVC」（電視廣告）之間的區別。目前有相當大量的廣告內容，被製作出來用在 YouTube、Vimeo、Instagram 以及其他各種平台上播放。儘管下面的建議適用各種播放平台，不過電視廣告的播放環境，已經成為一個非常特定的世界，即使這個世界的影片平台不斷改變，傳統電視廣告生態也並未消失。

購買廣告時段並不便宜，在主要電視媒體購買廣告時段，可能要花上幾萬或幾十萬美元，而像美式足球超級盃之類的重大活動廣告時段，則可能花上數百萬美元。當你為了確保人們看到廣告而花了這麼多錢時，就會帶來強大的動機，也應該花很多錢來確保播放內容的完美呈現。因為你都已經花了百萬美元在某個時段播放影片，那麼在建立影片時想省個幾千美元，看起來就像是「捨入誤差」（rounding error、近似值與精確值之間的誤差，在此指毫無意義）。

在這個行業裡的每個領域，都在努力節省資金、降低花費、壓縮時間、提高壓力等。即使是主流電影公司的電影，在明星高薪難以負擔下，也會因不斷的「壓力」，會盡量在更少的天數裡用更長的時間進行拍攝。

然而，電視廣告和世界上其他地方的廣告一樣，都是在刺激人們花更多錢的「乖張誘因」（perverse incentive、指不正當的鼓勵行為）。首先，電視廣告跟客戶捍衛自己的決定相關，因為在商業行業的每個層面，都有人想保護自己。例如自由接案的人，希望藉此獲得下一份工作；領薪水的人則希望保住飯碗。因此這個行業在做任何事情時，總希望能夠獲得「最好的」，如果事情做不好，就有理由重新選擇負責的團隊。因此從調色行業的角度來看，如果最後客戶不喜歡你的調色，無論是因為調色師經驗不足，或是因為對某類電影的調色經驗不夠等情況，僱用該調色師的人就必須「負責」（無論是某位主管、製片、導演、攝影指導、代理商或生產公司的人）。如果這位調色師已經是業界「最佳」調色師，並且在該領域擁有 10 年以上的經驗，那麼當客戶不滿意時，你也有了保護自己的說法。

因此，進入商業廣告的工作門檻非常高，要一直到你擁有精美作品集和長期商業廣告工作經歷來支持你才行。在商業廣告界裡，甚至可能會被期望在某個「特定類型行業」有過大量的廣告工作經驗。例如我的職業生涯裡主要是從事汽車廣告，其中 Nissan、Ford、BMW、Chevy 與 Jeep（日產、福特、寶馬、雪佛蘭和吉普）都是我最常接觸的廣告客戶。雖然我也曾經為麥當勞墨西哥分公司，做過一個「故事」廣告的調色工作，不過在我職業生涯裡，從來沒有做過傳統的「美食」廣告。

我有個導演朋友，他的作品集裡有很多「寵物」方面的相關作品。因為我沒有做過寵物類的作品（我雖然做過 Purina 的「寵物食品」，不過那次做的是飼主訪問，並非寵物相關或寵物食品）。他跟我說過有個很想接的廣告沒接到的事，因為他的作品集裡雖然以狗的廣告居多，但其中缺乏那位廣告主想要的「飼育經驗廣告」。

商業廣告只想找已經有經驗的人。

這點也與以下的事實相符：由於商業廣告的價格最好，討價還價也最少，所以有很多人試圖進入這個領域接案。其他行業一直想談「固定」價格（例如「無論這部 MV 有多長，你可以拿固定價嗎？」這真的是音樂影片調色師經常聽到的問題），商業廣告通常會依工作時間來訂定價格，超時也會付加班費。

因此，能進廣告行業通常得靠運氣（剛好在正確的時間、正確的地點）或是藉由學徒制來完成。一旦得到商業廣告客戶，就比較能受到保障。打開作品集裡的廣告影片集時，這類商業廣告調色工作，通常就是建立「工作履歷」的最佳方法。不過除非是透過經驗熟練的團隊負責完成廣告，否則你所呈現的作品，很可能會比你的實際能力遜色許多。也因如此，大多數一定層級以上的專業廣告導演，都傾向於要求有經驗的商業廣告攝影師和調色師，來為彼此的作品增色，因此又讓你獲得商業廣告作品的機會更加困難。

想在商業廣告中推銷自己，期望值最高的機會，應該就是你在網站上所放置完整的作品展示。廣告通常是公開、簡短的，且很容易看到，因此最好不光是展示調色技巧，合作夥伴的專業能力也要提及。美好的文案、完美的鏡頭，有名人演出的生動廣告，加上出色的動態影像，這些原先幾乎已經不需在調色間裡進行任何修改的廣告影片，都會比你在調色間裡辛苦救活的爛攤子影片，更能為你的調色師職涯，帶來使客戶滿意，但並非真正高深調色技巧的影片。這當然不是我們的錯，世界本來就不公平，你的作品集也不是拿來讓其他調色師欣賞，或讓他們知道你在該專案所取得的驚人成就。你的作品集是在向未來的客戶展示：「這位調色師確實知道如何辦到，而且也受到其他客戶的信任。」

商業廣告中最重要的元素是「客戶」。如果還有別的，可能就是廣告裡的表演者，但其最重要的價值，則是在品牌和他們銷售的產品。當你為品牌客戶進行商業廣告工作時，請記得一定要上網查看該產品相關的品牌說明和商品目錄。

在廣告工作裡，經常會先拿到屬於產品特定的一組主色系 hex 色票（6 位數值的色票）。舉例來說，假設是在為一家柳橙汁公司進行廣告作業，當你跟創意總監一起開會時，很可能就會拿到它們在平面廣告設計之際，所確定的一組特定的橘色 hex 色票，也就是「橘色商標」的主要顏色。在此例圖中，我們將使用假想的「FFD」柳橙汁品牌所用的 FFD700 色票。

將此色票數值輸入 Hex 轉 RGB 轉換器（如 Rapid Tables 分頁下的轉換器），便得到 255,215,0 的數值。

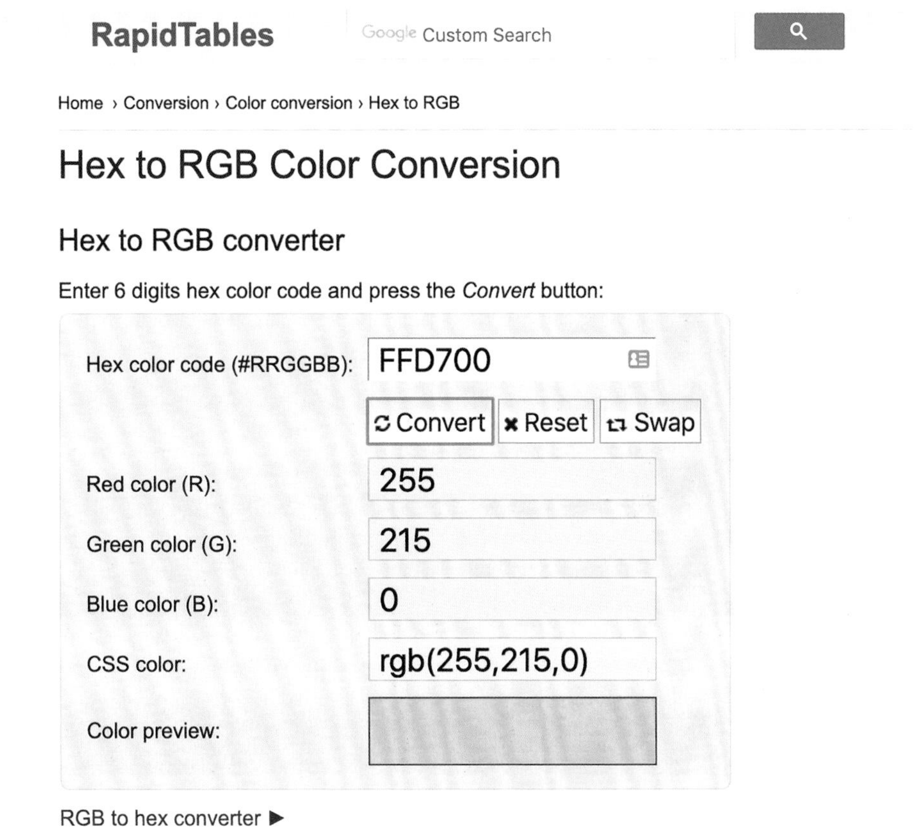

RapidTables

Google Custom Search

Home › Conversion › Color conversion › Hex to RGB

Hex to RGB Color Conversion

Hex to RGB converter

Enter 6 digits hex color code and press the *Convert* button:

Hex color code (#RRGGBB): FFD700

Convert Reset Swap

Red color (R): 255

Green color (G): 215

Blue color (B): 0

CSS color: rgb(255,215,0)

Color preview:

RGB to hex converter ▶

大部分的調色應用程式，都有一個可讓你識別 RGB 值的工具。因此，當你遇到「商品展示」（packshot、指廣告結尾秀出產品、展示產品包裝的片段）的部分，如果可以，請透過微調顏色，讀取檢色器的重複過程，將包裝顏色調整為精確的 255, 215, 0，直到產品看上去真的完美達到 255, 215, 0。有些客戶甚至希望你確保每次出現產品標籤時（即使是在「說故事」的時刻），都要與產品上的顏色相符。

其實在多數情況下，這點並非客戶真正想要的，而是他們「認為」自己想要的結果。在螢幕上以 255, 215, 0 觀看影像時，看起來會與他們在辦公室認同過的橘色打樣有點接近，但不可能完全匹配。這是由於我們先前已經討論過的許多因素所導致，例如影片在顯示器中建立顏色的方式（RGB 與印刷用的 CMYK 減色模型），加上對比度的問題（如果柳橙汁在青色背景上，比起在故事場景裡，看起來一定會更「飽和」），以及顏色的整體主觀特性等。

執著於產品的 RGB 數值可說是一種陷阱。如果可能的話，請他們帶產品來，或觀看他們的產品目錄、公司網站，讓你看到其他宣傳資料如何處理這個產品。把產品目錄的圖片置入你的調色軟體，開啟 RGB 檢色器，向客戶展示即使是在它們自己的網站上，FFD 柳橙汁的橘色是 253,17,0 之類。這樣通常也有助於讓客戶了解，在選擇使用什麼顏色來建立柳橙汁的「感覺」時，應該要更加靈活才對。

有時候製作團隊並不希望你動到「商品展示」這段，尤其如果是放上已繪製好的圖片時。你就應該要求查看圖片，確保它不僅適合廣播格式規範（如果是電視廣告），還可以就整個廣告的範圍進行整體感的調整。倘若你要做的是顏色較不飽和的「Instagram」廣告，但最後卻拿到一個來自還沒看過廣告的插畫家畫的高飽和、過度銳利的「數位感」廣告照片，也就是會「分散影片注意力」的圖片時。雖然這可能是客戶想要的，但最好還是跟他們討論一下，以確定「去飽和影片」和「過飽和包裝」之間的對比差異，是否確實是客戶想要的。

幫汽車「板金」（用於汽車廣告的行業術語）的訣竅是將汽車行駛路面的柏油顏色，往車身顏色的互補色方向推一點，以便讓車子的顏色可以「跳」一些。這種作法對紅色車子很容易達成，也沒人會注意到柏油路上有些微的青色，不過即使是藍綠色的車子也可以順利完成。

柏油出現黃色或洋紅色的色調，幾乎不會引起視線關注，因此通常可以讓汽車真的「跳」一些，而不會分散觀眾注意力。

商業廣告是個引人入勝的世界，不過這個世界裡的國王並非導演。導演也是受僱者，在後製過程中「受歡迎」，但絕非後製作業的「推動者」，商業廣告專案的「創意總監」通常才是擁有最終決定權的人。我曾經跟知名導演一起開會，他們安靜的坐著，很少發表想法。而年齡只有導演一半的創意總監，才是推動整個專案走向的主角。就像在稍後章節會討論到的音樂影片（MV）一樣，影片製作內容被認可的過程，通常涉及一整個團隊的人，但對於調色師來說，自己工作過程裡的壓力相對會比較小。商業廣告製作流程裡通常會有預算聘請一位合適的後製總監或製作人，他們會努力協調這些認可批准的過程，而且會跟你和創意總監一起解決問題，以確保需要傳達的意見都會先統整過再發送給你。

測驗 7

1. 如何一邊修正影片雜訊並能一邊進行微調？
2. 如果影像看起來開始有點油畫感，是因為哪項調整推過頭了？
3. 影片有「重影」或「假影」，是因為哪種類型的雜訊修正效果太強？
4. 你是否應該從頭到尾都讓自己的調色，與產品的官方 Hex 色票或 CMYK 顏色代碼完全匹配？
5. 導演一定是商業廣告的最終決策者嗎？

練習 6

本書隨附下載素材中有兩個商業風格的專案：一個帶有很重的顆粒感，另一個則無，請用它們來練習調色。

技術

8

遮罩、ALPHA 通道、合成與清除

遮罩和 Alpha 通道

儘管 VFX 特效部門有自己掌管的主題和行業領域，但隨著專案向最終交付過程邁進時，調色部門和特效部門之間經常有許多互動的機會。儘管大部分內容都是溝通性的（調色師和 VFX 小組透過電話或開會討論，決定特定某個片段或影片序列上所使用的方法和技術），但每位調色師都應熟悉與特效部門交流時的兩種技術領域：遮罩和 Alpha 通道。

Alpha 通道是一個透明圖層，可以讓影片檔案不但具有顏色數據，同時還具有「透明」的數據。如果將帶有 Alpha 通道的檔案放入時間軸中，它看起來通常是正常的黑底影像或文字。但當你將它拖到另一個影片片段上方時，看起來就會透明，讓畫面裡的某些區域可以直接看到其下方的影片。目前用來處理影片透明度的主要格式是 Apple ProRes 4444，格式當中的第四個 4 用於 alpha 透明度通道。動畫編解碼器也支援 alpha，DNx 和 CineForm 的某些版本也支援。

由於第四個 4 對 ProRes4444 規範非常重要，因此已經有了專門的術語稱呼。在美國西岸，你可能會聽到它被稱為 ProRes Quattro，在東岸則更常被稱為 4x4。無論哪種稱呼，都可以讓你知道當 VFX 團隊說：「別擔心，我們正在傳 Quattro 檔案給你」，亦即告訴你這是包含 alpha 通道的檔案格式。事實上，由於 ProRes 有一些可能混淆的名稱（例如 Proxy 代理，這是 ProRes 的一種特定樣式，但是從技術上來說，所有 ProRes 格式都是代理檔案，「ProRes」本身也是沒有任何修飾符的格式），因此現在經常會把舊的「ProRes」稱為「ProRes Prime」。

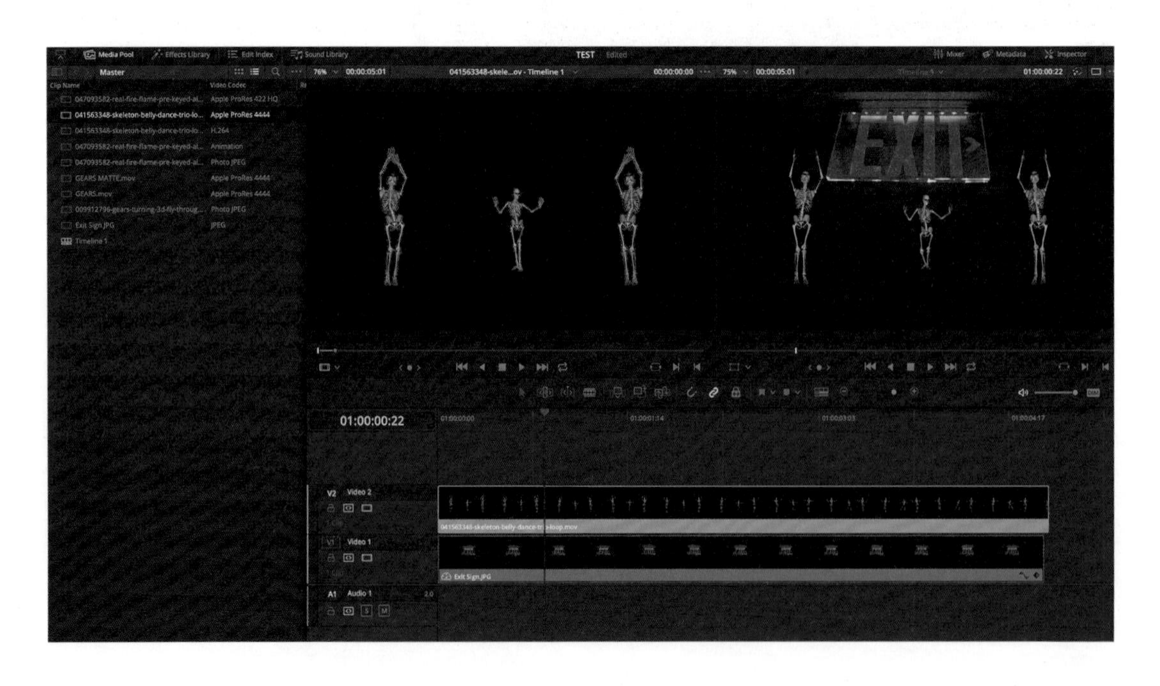

如例圖裡的時間軸影像所見，骨骼是在出口「EXIT」標誌片段上方組合而成。除了追蹤在時間軸裡其他片段最上方的骨架影片（這是一個 ProRes4444 檔案，包含 alpha 通道訊息）之外，不必執行任何操作即可建立該合成，這是直接的組合。當然並非每個 ProRes4444 都擁有 Alpha 通道，只是檔案格式可以包含 Alpha 通道，此處便是如此。

在調色師這一邊的 Alpha 通道，就只是非常簡單的拖放操作。只要 VFX 團隊正確完成它們的工作，並將渲染設置為包含 Alpha，然後移交給調色師或調色助理或線上剪輯即可，他們就會把它放在時間軸裡的另一個片段上方，這樣就完成了。你只需了解如果渲染為「不支援」Alpha 通道的格式，Alpha 通道便無法繼續傳帶過來，例如把帶有 Alpha 通道的影片置入時間軸，並將其渲染為 ProRes 422 或 H.264 或任何其他不支援透明度的格式，該 Alpha 通道的數據便會遺失。

「遮罩」（matte）雖然稍微複雜一點，但確實是值得擁有的強大力量。請想像一下 VFX 藝術家把噴射機合成到廣闊天空中的場景。為了做到這點，會先有噴射機的素材，也就是一架飛機的形狀。透過他們的軟體，渲染出該形狀的高對比度黑白影像（事實上只有黑白，並沒有灰色陰影的部分），也就是遮罩。

如果 VFX 團隊為剪輯而製作遮罩，你最好把它跟普通影片做點區隔。以 Resolve 為例，你必須把它作為遮罩影片放在媒體池裡，而非當成一般影片片段，以便讓 Resolve 可以辨識。

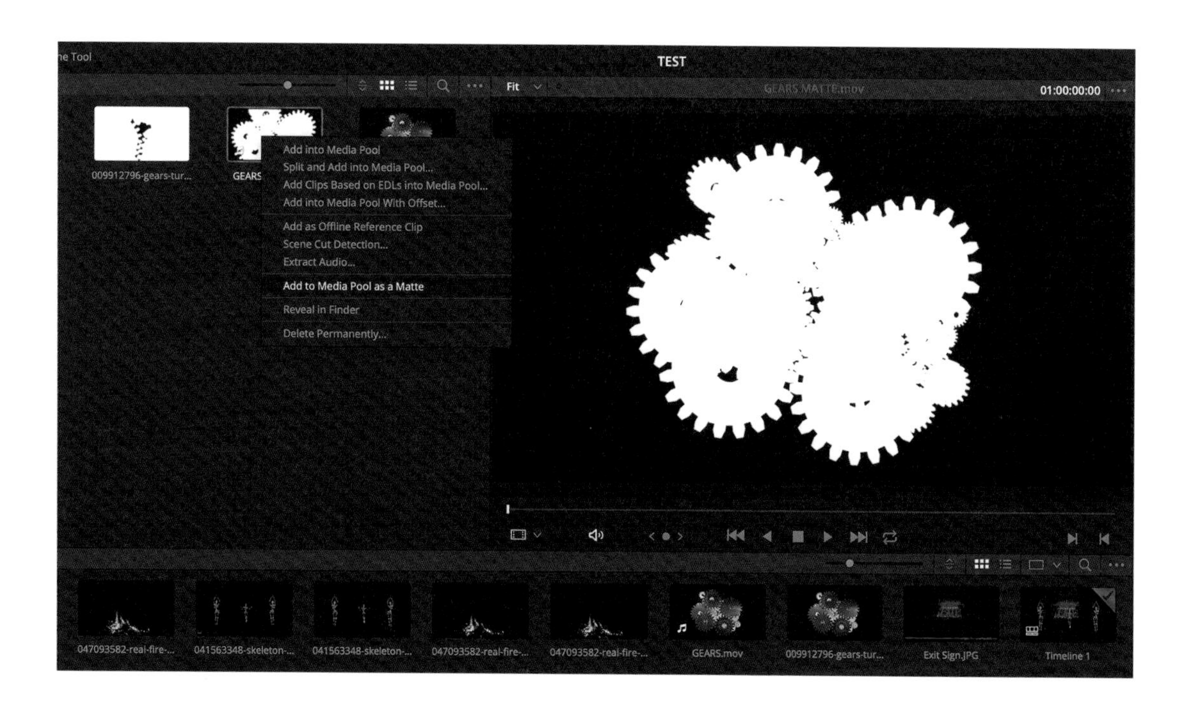

完成這項操作後，你可以把遮罩附加到特定片段的節點上，並將該遮罩作為節點形狀。

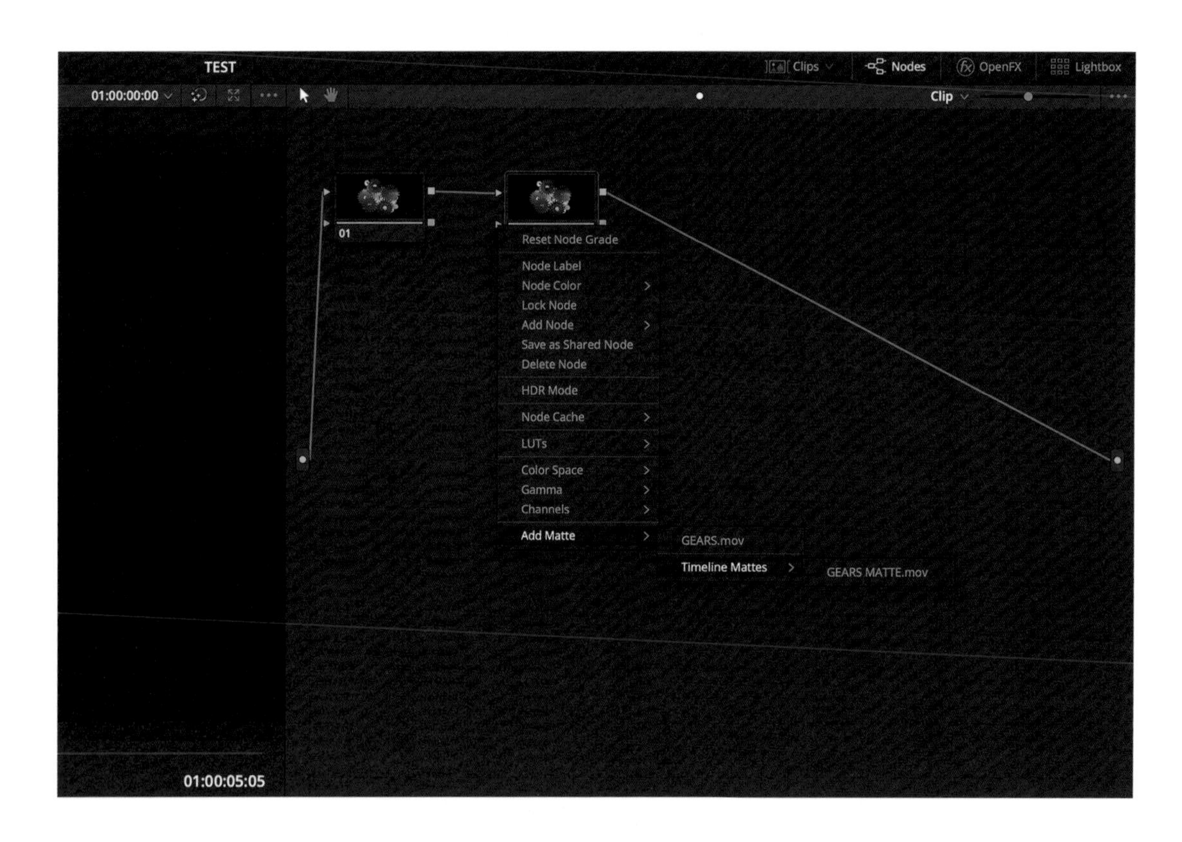

接著在調色間裡，如果客戶說：「這個鏡頭很完美，不過是否可以讓噴射機暗一點，好像有點太亮了」。這時你並不需要在噴射機周圍自己繪製形狀，因為 VFX 部門已經建立了遮罩，你只需把遮罩加入專案中，再附加到節點上，便可獲得所需的精確形狀。

你可使用特效部門建立的這個形狀，精確控制該元素的調色。在某些工具下，甚至可以修飾或羽化這種外部遮罩，不必自己手動繪製形狀或進行追蹤。

摩爾紋

摩爾紋（Moire、發音為 mo-ray）是有時在特定解析度下，會在織品上發生「干擾」的現象。就技術上而言，這是兩種圖案的交互作用，其中一種圖案（格子織品）與像素的正方形網格圖案交錯的部分，會讓畫面看起來「舞動」著。摩爾紋很少會在調色過程產生，但大部分都必須在調色間裡解決。

有經驗的製片（尤其是電視界的製片），會在前面看著顯示器，檢查攝影機前面的所有服裝布料，看看是否會產生摩爾紋，不過在目前節奏快速的作品和獨立電影中比較少見到。

此外，這些干擾紋會受到螢幕尺寸和解析度的影響，在 65 吋 4K 顯示器上看不出來的波紋，可能會在 23 吋高畫質顯示器上產生影響，因此你可以說克服摩爾紋的藝術成分會大於科學成分。

技巧之一是選擇區域，通常將遮罩和形狀組合在一起，然後加一點模糊效果，再增加一些紋理即可。如果完全模糊似乎會太明顯，但再增加紋理（使用來自「膠片顆粒」的效果）則有助於隱藏模糊，不再產生摩爾紋。當然修復摩爾紋仍然是由 VFX 部門執行效果最好，而且請絕對要勇敢說出：「我手上的工具無法辦到，請把這段影片交回給 VFX 處理。」話雖如此，如果能自己解決較小的摩爾紋問題，不僅可以節省製作方的時間和金錢，也是讓自己在「接案調色師名單」名列前茅的好方法。

合成

多年來，「合成」（composites、將前景物件放在分開的背景圖層之上，其作法通常稱為綠幕或去背）是一項與調色完全不同的技能，而且很少被放在調色應用程式的相關內容進行討論。因為一般由特效部門負責處理所有合成，調色師則通常在合成之前介入，對前景主體和背景進行調色，然後在 VFX 團隊完成合成後，取回成品再進行最終修飾，並與前後影片匹配顏色。

儘管只要在可行的情況下，這仍然是正常的工作流程（因為 Nuke、Fusion 甚至 After Effects 等專用合成工具，都用了你在調色軟體中無法沿用的工具），但是為了節省時間而在調色間裡進行某種程度的合成，已經變得越來越普遍。我們並非一定會遇上需要合成的情況，但是你應該隨時準備進行合成。因為在每日正常的調色工作裡，可能會需要「大略」合成影片（大致合成起來看效果如何）的作業，以便讓剪接師決定要使用哪段影片，再交給特效部門做最後的精細合成作業。

雖然很少有調色師在製作前期就提供自己的意見，但在理想狀況下，拍攝素材之前就會先諮詢調色師，而「合成」便是在這方面相當有用的一種方式。一般而言，你會希望製作人員拍攝他們的底版（背景影像），或者先取得要當成底版的素材影片，然後再拍攝前景。這是因為底版通常會有後製難以更動的照明部分（例如光線方向、畫質、氛圍等），因此最好能夠先與前景物件嘗試匹配。一旦發生來自上方的光線拍攝前景元素，但背景底版光線卻來自左側，後製時就會難以調色，因為觀眾會直接看出光線不一致的情況。

在可能的情況下，最好在拍攝前景物件之前，先得到背版影片，並根據期望的情緒與客戶想要的感覺對背版進行調色。如此攝影師便能更妥善的將前景物件上的光線與背景元素相互匹配，使合成的工作變得更為容易。此外，如果可能的話，最好也請製作團隊在拍攝過程中，讓前景物件能有大致的去背輪廓。

如果你完全沒參與到製作期間的相關內容，在調色間遇到客戶所提的合成要求時，就會遇上兩個分離的元素（一個前景元素和一個背景元素），需要你將它們「合成」在一起。就算你在 Resolve 裡有 Fusion 功能的強大合成工具（你應該了解），如果希望完成合成的服務，但不想學習其他技能的話，也應了解在 Resolve 裡快速進行簡單合成的方法。

1. 將前景元素和背景元素都置入調色軟體中。
2. 將兩個片段都放在同一個時間軸上，背景元素放在下層（V1），前景元素放在上層（V2 或類似名稱）。
3. 使用「抽色」（qualifier）工具選擇綠色背景，3D 抽色選取器（3D qualifier）是綠幕去背時的最佳工具。
4. 前景主體周圍是綠幕去背最重要的部分。如果你在這邊看到了畫面所需以外的現場 C 型架之類的東西，都可以用選取器結合形狀，再以「垃圾遮罩」（garbage matte、一般用來大致圈選主體的手拉遮罩）快速去掉這些區域。
5. 反轉選取範圍。
6. 按右鍵點擊節點圖，然後點選「add alpha output」（新增 alpha 輸出）。
7. 將此輸出形狀拖移到新 alpha 輸出上。
8. 調整前景圖層和背景圖層上的畫面範圍。

清理殘留的綠色

通常如果主體離綠幕太近，前景元素上可能會出現需要清理的綠色「溢色」。「De-spill」（消除溢色）是許多合成軟體插件中的內建工具，專門用來處理這類問題。但如果你發現主體仍然混雜了一點綠色時，便可嘗試選取綠色，再將其去飽和，或者使用諸如「顏色壓縮器」（color compressor）的功能，將這些顏色轉化成其他顏色。

音樂影片

藝術

8

音樂影片是調色師的真正試煉場之一，也是熟練技能和開發客戶群的最佳場所。雖然商業廣告可以帶來更大的利潤，不過它們也是競爭更激烈、更保守的市場。你當然可以也應追求自己喜歡的調色工作領域，但就業界而言，確實值得放更多心思在「音樂影片」的調色工作上。

調色師在音樂影片市場上面臨了兩種特殊的挑戰，首先是在「客戶管理」上的複雜性，其次是「色彩美學趨勢」的高度敏感性。若調色師希望在音樂影片界能維持常規性的業務，便應發展相關技能並關注流行趨勢。

儘管「客戶管理」在所有領域中，都是調色師的重要工作之一，但在音樂影片領域，由於會有類似「廚房裡的廚師數量變多了」這類情況，而變得更為複雜。

一般在「商業廣告」製作過程中，導演和攝影師可能不會到調色間，而是把這項工作交給創意總監。有時最後可能會有一位「首席創意總監」，在多日調色工作期間的最後一天才進來，而且他在美學要求上，可能會與目前一直待在調色間裡陪你的「執行創意」略有不同，但你通常很容易就能看出商業廣告中的「權力結構」，知道最後到底該聽誰的。

然而就「音樂影片」的情況來說，一切會變得更加複雜。首先，音樂影片的導演和攝影師會更積極參與音樂影片的最終成果，而商業廣告的傳統則是交付作品後就換人接手。此外，樂團或歌手當然是他們自己領域內的專業創意者，所以都會有自己的意見。更重要的是，樂團上面還有管理階層和唱片公司，兩者都會參與音樂影片的創作過程，而且很可能對影片的外觀風格沒有一致的想法。以上加起來就已經超過五個人的意見（假設樂團、唱片公司和管理階層各派一人代表），必須讓這些人都對最終的調色外觀取得共識才行，所以最後通常需要管理多達 10-15 個人的意見。

當然，這並非表示一直會有 10 個人跟你一起待在調色間裡。如果能有一到兩個人可以親自跟你一起坐在調色間就很幸運了。不過這也確實意味著你必須不斷跟許多人進行溝通，以支持你的調色決策。只要其中有一個團隊成員想「偏離」的越重或越偏，你就應該多做準備，以應付其他興趣不同團隊成員的負面回應（通常是遠距退回的情況）。樂團或歌手可能想變得很酷或很前衛，而唱片公司通常想要的是提高觀看次數與吸引話題。

如此就可能讓音樂影片的調色過程，出現重大的併發症，也就是影片修改永無止境。而且由於美學週期會不斷加速翻新，某種外觀風格或美感的影片在 Tumblr 上出現後，會擠爆「熱門」或「暢銷」音樂影片，並且在幾週內出現在所有其他平台的熱門影片上，接著又在幾週後逐漸消失。

在音樂影片行業中，這些熱門趨勢會受到密切關注、討論和深入分析。當你在音樂影片唱片公司或後製公司裡走來走去時，你可以合理假設在那裡的每個人，都已經看過最近市場上的熱門音樂影片，並密切關注每部影片裡所顯示的內容。為了要在競爭激烈的音樂影片市場中生存和發展，你必須密切注意在任何特定時間所發生的事，以及趨勢產生「結構性」變化的發生時刻。像 VideoStatic 這樣的音樂影片行業部落格，是隨時跟進潮流趨勢的最佳管道，以便與目前音樂影片行業同步接軌，而且還可以進一步了解製作這些影片的人。

這當然要比直接講故事的工作更累，敘述性質的工作往往改變緩慢，同時又會各自走向不同的目標。如果是在有許多季的電視節目進行作業時，其目標便是在維持角色的同時，以協調的方式依角色的成長而逐漸演變其外觀。

在音樂影片中，隨著整個行業趨勢的變化，同一部影片在 1 月的調色，甚至可能會跟 8 月的調色大不相同。儘管調色主要在配合影片的內容創意，但請務必注意這些新趨勢，經常觀看新的影片，而且要反覆觀看，並密切注意目前業界使用的所有方法、技術和視覺效果。

本身具有強烈「視覺識別度」的樂團，一定要多加觀察。參考他們以前所有影片，或放在社群網路上的最新作品，並且查看該影片是否有任何特別處理或可用的視覺參考。如果樂團是根據某種影片處理方式來選擇某位導演，那麼這種視覺處理方案便很可能與他們對影片的目標和願景相符。當然，樂團會經常會想跳脫過去的美學氛圍，以讓觀眾感覺「新鮮」。因此也要對創新保持「開放」的態度，並詢問這些藝術家希望影片往哪個方向走。音樂人的外觀形象不斷的「演變」，協助他們在美學風格間轉換曲風，從流行音樂到鄉村樂、從鄉村樂到電子樂、從電子樂到重金屬，通通都屬於音樂影片設計的一部分。

在我的職業生涯中，清楚記得曾和某位導演一起坐下來討論「Destroyer」（驅逐艦）樂團的音樂影片，並聽她要求説要「水洗黑」（washed blacks）效果。由於當時的潮流趨勢非常喜歡用「濃黑」（heavy blacks）或「鬆脆黑」（crunchy blacks），讓陰影深濃一點，我有注意到這種趨勢，因此我們也花了很多時間來確保製作出「水洗黑」的美感，恰好可以與影像作良好的互補。接著我立即回到調色間，並嘗試了多種技術來「洗黑」影像，並請其他調色師也一起幫忙。

Destroyer 樂團的 Kaputt 官方音樂影片截圖

接下來的六個月內，幾乎我所製作的每部音樂影片，都會被要求「水洗黑」的風格。這並非因為我是那個會「水洗黑」的人，而是因為整個行業很快就掀起這種美學的風潮，因此突然之間，原先流行「厚實感」（chunky）的外觀風格就立刻顯得過時了。

這些趨勢浪潮會在音樂影片中反覆出現，你必須隨時注意保持同步。尤其在與音樂影片製作人、導演和攝影指導討論時，他們一定很熟悉所有同行的工作內容，也會不斷觀看最新的影片，並藉此分析自己所做的決定。無論你對音樂影片本身有什麼不同的想法，都要跟上這些變化的步伐，這點非常重要。

當然你可以只做純粹的紀錄片、真人秀或敘事電視和電影，並完成出色的職業生涯。但如果你追求的是音樂影片作品的話，請你做好面對龐大團隊的心理準備，而且要隨時關注潮流趨勢。

測驗 8

1. 所有 ProRes 4444 檔案是否都具有 Alpha 通道訊息？
2. 是否可以在 ProRes 422 檔案裡放一個 Alpha 通道？
3. ProRes 4444 中的第四個 4 代表什麼？
4. 當你把訊息合成到另一個檔案中時，該怎麼稱呼它？
5. 是非題：每個年代的音樂影片都有其特定「外觀」？

練習 7

以隨附下載的「sample music video」（音樂影片樣本），或從網路上下載其他音樂影片。接著透過社群媒體搜尋你最喜歡的當代樂手，找張他（或他們）的圖片，並將範例音樂影片的外觀，與這張社群媒體上的圖片進行調色匹配。

技術

9

LUTS 與變形

LUT 是目前電影製片業中最經常被誤解的術語之一。你會看到經驗豐富的專業攝影師，把攝影機上用於 ISO 和色彩平衡的設定稱為「LUT」，但事實上並非如此。

LUT 所代表的意義是一個「查找表」，僅此而已：就只是一個對照表。事實上，大多數常見的 LUT 檔案類型（.cube、.3dl、.olut），都可以使用簡單的文字編輯器打開，讓我們可以直接查看 LUT 的格式。

```
# 3D PLASMA DECEMBER.cube
# 12/04/2017 04:31:25 PM
# CalMAN 5 (5.7.2.61, 12/04/2017 04:31:25 PM, CubeGenerator)
# LUT_ORDER      BGR

LUT_3D_SIZE      17

DOMAIN_MIN 0.0 0.0 0.0
DOMAIN_MAX 1.0 1.0 1.0

0.0000 0.0000 0.0000
0.1671 0.0021 0.0046
0.2150 0.0015 0.0065
0.2570 0.0015 0.0138
0.2939 0.0022 0.0253
0.3289 0.0567 0.0669
0.3677 0.0822 0.0419
0.4043 0.1167 0.1172
0.4403 0.1108 0.0683
0.4777 0.1258 0.0890
0.5149 0.1492 0.0991
0.5499 0.1564 0.1163
0.5844 0.1645 0.1405
0.6196 0.1785 0.1526
0.6564 0.1944 0.1587
0.6937 0.2097 0.1716
0.7301 0.2212 0.1858
0.0211 0.1735 0.0582
0.1591 0.1712 0.0667
0.2094 0.1668 0.0791
0.2535 0.1604 0.0368
0.2883 0.1495 0.0600
```

透過文字編輯器查看 LUT 是一項很有幫助的練習，每位配色師都應該研究一下，以便準確了解 LUT 可以做什麼和不能做什麼。簡而言之，LUT 就是一種讓軟體或硬體透過「查找」像素的新數值，更改影像外觀的簡單方法。因此，舉例來說，我們可以在上表中，看到數值從 0.0 開始一直到 1.0 為止。

輸入 0.0 0.0 0.0，將會輸出 0.0 0.0 0.0 的數值，亦即輸入為黑色，輸出也是黑色像素。

當 LUT 讀取各種像素值時，每個像素值都會有一個對應的輸出值，該輸出值顯示了如何將該值轉換為新數值以給出新的顏色。對每種類型的 LUT（.lut、.3dl、.cube）來說，輸入像素的分配都是規範裡的一部分，因此無須列出，只需顯示 LUT 的輸出，也就是查找到的數值即可。

你可能會注意到 LUT 並不帶任何形狀訊息，LUT 只能以相同的方式更改所有像素。因此，若你想要一個小暈影（畫面邊緣更暗、中間的部分更亮）的部分，LUT 並無法辦到，因為無論位置如何，LUT 都只會對每個像素進行相同查找的對應變化。

雖然 LUT 可以供給多種軟體使用，包括著色平台、剪輯平台、攝影機、顯示器，甚至燈光等，但如果你發現自己經常用到 LUT 的話，有一個很棒的應用程式 Lattice，非常值得投資。Lattice 可以讓你預覽 LUT 效果，以及 LUT 檔案的詳細訊息，變更 LUT 格式或解析度（舉例來說，你擁有 33 點 LUT，但你機上的 LUT 盒無法處理時），它甚至還能讓你將多個 LUT 組合在一起。常見的工作流程是使用 Lattice 將「校準」用的 LUT 和「外觀」用的 LUT 結合起來，以實現準確的監控。讓導演和客戶可以直接觀看令人愉悦的最終影像，並進行即時討論。

使用 LUT 的一大困擾便是遇到色域（gamut）錯誤時，如果輸入數值在 LUT 表中沒有對應值的話，就可能在最終輸出上遇到問題。每種應用程式可能會出現不同的狀況，在某些應用程式中，只會丟棄掉多餘的色域數據；有些應用程式則會保留數據但不顯示。若是使用 LUT 配上廣色域素材時，這種結果並不理想。低解析度的 LUT 會產生跳階條紋（banding），這就是為何大家偏愛較大的 LUT（例如用 33 點，而非 17 點），以便有更大的選取數值可供評估，也是很多配色師一直避免使用 LUT 的原因之一。

如果 LUT 有這麼多問題，為何還有調色師仍然使用呢？原因是比較容易處理，因為在操作上非常簡單（只需像素值的輸入與輸出而已）；對於電腦或其他硬體而言，也更容易處理。因此，如果你想在攝影機上使用 LUT（大多數主流攝影機都可辦到），或者在較為輕量級的應用程式（例如 Avid、Premiere 或 FCP-X）或小型硬體設備（例如顯示器）中應用 LUT，這樣的作法較不會拖慢系統速度，LUT 也非常適合這類「輕調色」的用途。事實上，LUT 不僅可以用來影響影片的「外觀」，它們也經常被用於監控觀看影片時，只靠「校準」可能無法完全準確呈現顏色的顯示器。

你可以在 Resolve 裡的三個主要位置套用 LUT。首先，我們可以透過點選右鍵選單，將 LUT 套用於媒體池裡的所有剪輯片段上。

當你處理的整個媒體庫都是以某種格式（例如 log）拍攝的話，便可使用這種工作流程，因為這些相同格式的影片，需要經過處理才能正確顯示在線性流程的顯示器上。

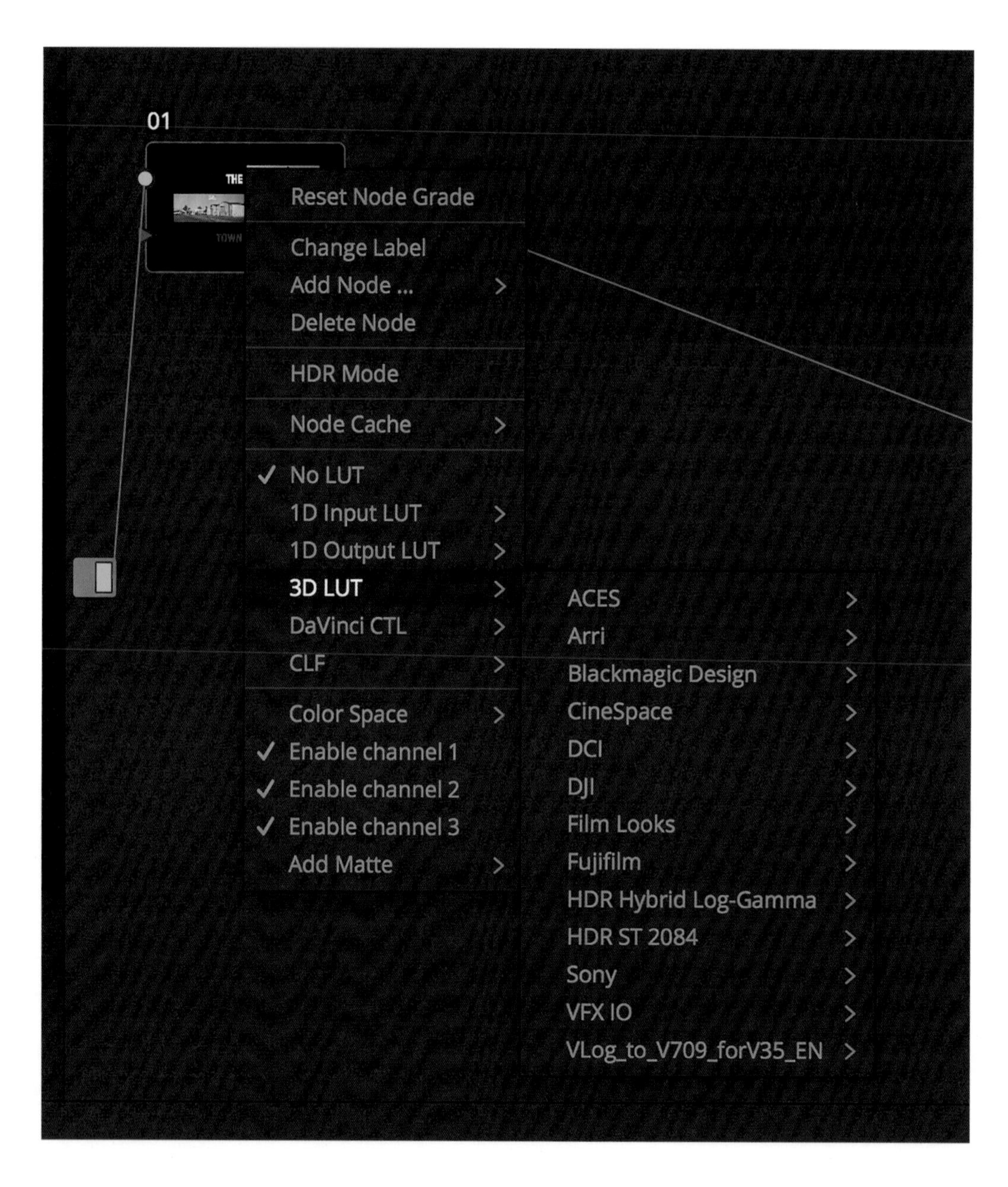

你也可以選擇將 LUT 應用於節點樹中的某個節點上，許多應用程式都很流行這種方法。舉例來說，如果想要為特定的片段（例如回憶畫面）套用特定外觀時，便可使用這種套用 LUT 的方法。在《神鬼玩家》（*The Aviator*）電影裡，後製團隊為「雙色染色」與「三色染色」的 Technicolor 外觀風格，建立了特定的 LUT，以加快模仿這些歷史風格的後製工作流程。由於這種特別的雙色染色 Technicolor 風格（在下面的例圖影像的特殊膚色與色偏），需要將顏色映射到與原始攝影機拍攝內容差異極大的影片上，因此設定特別的 LUT，便是建立所需外觀的最有效方法。

《神鬼玩家》*The Aviator* (2004) 劇照

你還可以在專案層級套用 LUT，方法是到右下方的設定選項裡，選取「color management」（顏色管理），便可將所需的 LUT 套用在整個專案的所有素材上。

這個視窗裡有多種應用選項。舉例來說，如果你 100%確定所有影片片段都要用相同的輸入 LUT（例如所有 log 影片都來自同一台攝影機），便可在此處套用，而非在媒體池套用。利用「Output lookup table」（輸出查找表）設定給各種不同用途的製作任務，也是常見的作法。舉例來說，把專案從某個使用中「色彩空間」（color space）轉換為另一種輸出用色彩空間的情況。

而「Video Monitor LUT」（影片顯示器 LUT），可以用來校準不符合規格的影片顯示器，而且類似的 LUT 也可以套用到示波器和顏色檢視器上，不過其結果通常還不夠準確，只能用來讓內建檢視器顯示畫面。

1D 和 3D LUT 在操縱點的數量方面有所不同。1D LUT 是一維（或說平坦的），也就表示它們只能影響亮度，並不影響顏色。因此 1D LUT 廣泛用於將 log 素材轉換為線性，用來當成顯示器校準過程裡的一部分（同時用 1D 和 3D LUT 一起校色的情況也很常見）。

而 3D LUT 是三維的，可以分別影響三個顏色通道（紅色、綠色和藍色），因此可以更改這些顏色，並可向四周影響。如果你的 LUT 必須用來改變影片中的色偏時，就要使用 3D LUT。

LUT 在網路上有相當龐大的市場，許多攝影師和調色師會開發自己的 LUT 來做套用，以便能在製作初期就把這些特殊的「色調印記」附在拍攝影片上。本書閱讀至此，大家應該可以理解整個電影製作過程中的主要任務之一，便是「管理」整個團隊所期望的外觀風格，如果你對想呈現的影片外觀有完整的看法，便應及早建立一個複雜的 LUT，並在現場套用。如此就讓整個團隊監看大致外觀模樣，這也是在流程早期階段就能取得認同的最佳方法。

轉換

雖然 LUT 具有一些工作流程上的好處，但它們在兩個主要方面有所限制。首先是前面說過的色域問題，其次就是「量化」（quantization）上的局限性。實景拍攝並建立數位影像時，拍攝資料必須經過量化過程，以分配可被記錄的個別數值。在理想狀態下，我們處理的是非常高位元深度（bit depth）的影像，因此看不太到這些「量化誤差」，但它們確實存在。最好的例子便是遇上畫質很差的 JPEG，就像你在 1997 年的網路上可能看到的那種畫面。當影像處理器努力「量化」拍攝過程裡的每個步驟時，這些精細的調色結果可能就會變成跳階的「色帶條紋」。當然 LUT 也會有一定的量化程度，問題便是出在那些量化過的影片，即使是高位元深度的影片，經過 LUT 處理後也會再次被量化。

為避免這種情況，整個行業正在朝著「轉換」（transforms）的方向發展。你可能經常聽到關於 ACES（學院顏色編碼規範）的討論裡所出現所謂的轉換。雖然 ACES 有點超出本書的討論範圍（值得用上一本書的完整篇幅加以討論），但簡單的說，ACES 是由「美國電影藝術與科學學院」（Academy of Motion Picture Arts and Sciences）所設計的規範，用來解決許多影像專業人士的困擾。

在許多製作過程中，攝影機平台都是混合使用的狀況（例如主攝影機用 Alexa，動作／慢動作則用 RED，這是相當常見的組合），調色師必須在後製過程裡，匹配它們所拍下的不同影片片段。而使用 ACES 時，會對所有素材套用「input transform」（輸入轉換），對所有 Alexa 拍攝素材進行特殊的輸入轉換，再對所有 RED 素材使用不同的特定輸入轉換，以便將二者組合到 ACES 色彩空間中。學院正努力為這些轉換建立強大的描述檔（profiles），因此從理論上來說，用兩部不同攝影機拍攝到不同影片的情況，已不再是問題。

在顯示端方面，學院也正在建立顯示描述檔（display profiles），讓你可以透過輸出轉換，將其輸出為多種顯示格式，並讓它們相互匹配。當然，它還無法神奇的解決以下狀況：正確校準的電視與 iPhone 上的影像不同（ACES 雖然功能強大，但這種情況可能無法解決），但它至少應該可以讓在「家」觀看體驗的色彩和對比度，與在「戲院」的體驗更為接近。

為了做到這點，學院不使用 LUT，而是使用轉換。那到底什麼是轉換呢？這樣說吧：LUT 是一個簡單的查找表，代表有限的數值和某種程度的量化，而轉換卻是一種方程式，亦即「取像素值 X 並對其套用公式 Y 以獲得結果 Z」。因此這意味著轉換並沒有「超出色域」的問題，因為它可以處理任何傳入的數值，而且也代表不會形成量化的顏色跳階問題，因為你可以透過方程式來運算分數數值，藉由浮點運算，便可為精細的漸變提供更大的空間。

那為何轉換尚未接管整個產業呢？由於它們需要更強的計算能力，因此你不會很快就看到它們出現在攝影機和顯示器中。同樣也由於「路徑依賴性」（path dependence、人的選擇常會依賴過去的習慣而決定）：亦即許多用戶已經習慣了原本的可行技術，就算有新的改變原因，仍會傾向於使用這些過往技術。例如「qwerty」的打字機形式鍵盤，對現代人而言已經沒有任何必要，利用一些新形式的鍵盤（如 dvorak），應該可以帶來打字速度上的優勢。不過大家仍都繼續使用 qwerty 鍵盤，因為已經習慣了，確實很難切換過來。

LUT 其實也存在著相同的問題。我們終於讓導演和製片了解它們，攝影指導和調色師也知道如何用來輕鬆建立自己的作品；而硬體製造商也都支援 LUT。因此，儘管使用 LUT 存在著許多缺點，但你仍可能繼續使用。我們只能希望隨著時代進展，使用 LUT 的機會可以慢慢減少。

建立描述檔

藝術

9

當你開始從事調色師工作時，當然還不會有任何類似於作品集的東西，不過你無論如何必須準備一個作品集，才能開始接到工作。

許多調色師在創業初期用的是「before／after」作品的呈現方式。即使是大型調色公司，在過去也都會使用類似的作法，不過那也大多都是創業的早期階段。目前的「新」調色師，不太可能會像我們一般想像所認為的「頂級」調色師工作。因為這些頂級中的頂尖調色師，多半不需要靠作品集來接到案子，他們的聲譽自然會帶來工作。所以大部分頂級調色師在自己的網站上，放的都是完成作品，甚至可能都不會放上超過 60 秒的音樂影片作品。當然更不會放「調色前、調色後」這類比較影片。

原因何在呢？好吧，因為大多數高階客戶都已完全了解調色師的工作能力，因此他們對「調色前、調色後」這類影片不感興趣，反而比較喜歡看到大量的高級調色成品。更重要的是，高階客戶所想找的是具有曾與其他頂級專業人士一起工作，經驗豐富的作品集。所以你應該呈現的是完整影片，展示調色師的「最高技能」，也就是在整個作品過程中，完全匹配好的影片，而且要不斷演進影片的外觀。

客戶不光是在尋找作品集上的良好調色，也會尋找與你合作的攝影師、導演、品牌、代理商和藝術家等。就像客戶會評估演員的外觀，也會評估演員的背景。一旦你以任何方式與業界名人一起從事任何專業專案時，這些經歷便應立即出現在你的網站上，作為場面的一部分（如果你是新入行的話），或者也可跟該專案的完整預告片一起發布。你雖然可以決定自己想追求什麼，但是「名人」仍然相當有用。沒有名人加持的優秀作品集，永遠比不上擁有主流電影中的前十名電影工作者和演員列名的優秀作品集。

在你力爭上游的過程中，充滿音樂「嘶嘶聲」的小作品集是可以接受的，但最好能夠儘快度過這一關。雖然每個有固定工作的人，可能都會建議你只要挑選專案裡「調得最好看」的一段影片就可以了。不過客戶會比較希望能看到完整的專案，以便對你的整體工作內容有完整的了解，並據此判斷你對完整作品的處理能力與執行上的專業程度。

客戶不會接受你的作品集是使用「樣本」素材（例如本書的下載素材或圖庫網站的樣本素材）進行調色。當然從技術上來看，你確實對素材影片進行了「調色」工作，因為你把素材影片置入調色應用程式，並且根據自己的喜好對其進行調整，但這種作品跟客戶（或客戶團隊）把所需完成調色的專案內容一起交付給你，然後將最後的成果公開展示，完全是不同的情況。此外，大多數「樣本」素材都是公開可見的。如果我看到作品集裡面的影片是來自 red.com 網站上下載的影片，我會立即降低該作品集的評價，而且不會把該調色師當成專業人士。

所以這就表示許多從事調色師職業的人，陷入兩難的困境。因為他們必須先在作品集裡有高階作品，才能接到高級的主流工作。事實的真相是：在一段時間內累積到足夠擺上檯面的作品，真的是冗長而緩慢的過程。

通常的做法是你一開始與同齡夥伴們一起從事小型專案，合作創造出精彩的調色作品。等到他們慢慢在行業裡發展，你也跟著成長。接著就可以開始為那些原先充滿「嘶嘶聲」的作品集，挑選出自己最喜歡的作品，然後繼續追蹤這些專案，以確保可以換上最新的預告片或廣告作品。這些小作品需要不斷更新，也許每個正在進行的專案都要放上去，讓你的作品集網站維持新鮮、即時、順應潮流趨勢，而且要能反映出你作為調色師，不斷演化提升的技能。

偶爾你可以喘口氣，並且能夠純粹因為你在工作上的技能和才華，提升了自己的接案水準，有時甚至可能會跳個兩級以上。但更可能的情況是你配合的一位或多位協作者的工作得到改善，因而隨著他們的層級提升，你有了與他們合作的提升機會。如果你跟某些導演或攝影指導建立了牢固的長期關係，那麼當他們進步時，他們也會嘗試拉你一起合作前進，這是擴展作品集的主要方法之一。

你應該繼續定期專注於拓展自己身為調色師的「工具箱」，最好的經驗法則是每個月至少嘗試一項新技術，尋找引人注目的影像風格，並立即在你的調色間裡進行色調匹配的實作，或是觀看 YouTube 上分享的相關教學，嘗試遵照其解說來研究，或者搜尋其他最新技術，讓你的工作內容不斷維持新鮮。

維持新鮮最好的方法之一就是密切關注行業「趨勢」，並確定自己也可以順利辦到。如果出現了新的商業廣告、音樂影片或電影預告，看起來相當引人注目的話，請從網路上下載這些影片（YouTube 或 Vimeo 上的預告片或行銷影片），然後置入調色程式中，看看自己是否可以調出相同外觀。通常只要掌握本書所提過的技能，你就可以調配出來（只是時間問題），不過技術和工具總是推陳出新。一旦你發現自己沒有跟上，就該到工具箱中增加一項新工具了。

這是忙碌的調色師經常忽視的危險領域。當你還年輕且渴望新知時，會不斷努力保持進步和成長，然而把這件事變成規律的習慣，會是非常明智的作法，這樣即使在職涯中期，也有機會繼續成長，以免工作能力停滯不前。

你的作品網站只能放上調色作品，因為沒有任何攝影指導會想發案子給在網站上看到的一位「攝影師兼調色師 某某某」。如果你真的身兼雙職，請分別使用不同的作品網站，並使用不同的電子郵件地址。雖然你以攝影師所接到的客戶，有時可能也會希望你為該專案調色，然而你的攝影師客戶們，都會希望你純粹只是一名調色師，否則你就是他們在這行的潛在威脅。因為你雖然是以調色師身分前來，但你會遇到導演，也可能有機會接到案子，因此這些攝影指導們肯定會避免僱用你當調色師。你可以先闡明自己是個純粹的調色師，直到對他們有足夠的了解後，再提到你也會攝影。一旦他們跟你混熟了，便可能雇用你進行拍攝，或甚至聘請你當助理攝影師。不過，一般在評估 20 個不同的調色師作品網站時，很容易就會排除掉同樣也是攝影師的調色師。

剛開始時，你的網站看起來可能相當微不足道。因此在進入此行業時，你可能會把所有小作品剪在一起，做成「調色前、調色後」那種作品集，以便在客戶要求看作品時，讓客戶看到你的專業能力。但同樣地，這種作品如果放在網站上，看起來只會顯得很業餘。在拓展事業的過程中，應該努力尋找可以作為完整片段或預告片的作品工作，並集中精神美化這些影片；一旦有了足夠的本錢，不再需要這些「調色前、調色後」的小作品集時，就請趕緊擺脫它們。

當你的工作有了相當進展後，就可以把網站劃分為音樂影片、廣告、故事影片和紀錄片等分類標籤。當然故事影片主要是電影預告片，因為你應該無法在網站放上整部電影的內容。

在你作品網站上的「關於我」頁面裡，應該要讓自己看起來像是一個願意花上幾天時間進行調色工作的人。雖然在「調色間」的工作照勉強可用，但總會讓人感覺有點太「技術性」，而且也沒必要如此強調。如果你也接拍攝現場的數位成像師（DIT）的案子時，就可以放上在現場工作的照片。或是從你完成調色專案的電影首映會（尤其是有新聞報導的主流電影）現場，拍攝自己參與首映會的照片也很不錯。有時也可以用一張在很棒的工作環境裡所拍的個人照，然後在旁邊寫上：「當然，我們每天都會坐在黑暗中，一起工作八個小時，但這一點都不辛苦。」

由於你是調色師，因此作品網站上的靜態照片也應進行正確的色彩修正和潤飾。如果你不太會編修靜態照片的話，可以花錢請位專業修片師來執行。

調色是一項「美學」工作，因此若你以調色師的名義來找案子的話，你的網站就應該看起來很「美觀」。Squarespace 和 Wix 兩個網站，都是無須學習程式碼即就能自製好看網站的地方。你也可以使用 Vimeo 的「collections」（作品收藏）功能，建立自定網站，甚至還可以讓你用自己的 URL 加上標籤。你必須有 URL 位址才能讓人容易找到你，而且也必須是完整的 URL，而非某網站的子網域，以展示出你的專業度。

當然，最重要的就是不間斷的更新。無論你用哪種平台來展示自己，都應該放上最新的作品，因為新影片的傳播速度最快。當然你可能一時無法放上完整的作品，尤其是當影片尚未發行的時候，不過一旦對方發布了預告影片時，就要趕緊放到自己的網站上。

還有比較麻煩的是，有時嘗試最新的技術或外觀風格時，會很難讓客戶接受。付你高薪的這些客戶有時會非常保守，因此有許多導演，甚至是處於職涯巔峰狀態的導演，仍會願意接商業廣告的案子，以便維持自己作品集的新鮮感。你應該用開放的態度來偶爾接個報價較低的工作，甚至是偶一為之的免費工作亦可，以便藉此磨練新技術並維持良好的人際關係。

你也應該具有「專業」的社群媒體連結，上面放的影像或文字內容，應當要能反映出這個行業的專業度。如果願意的話，也可把這些與你日常的個人社交資料加以分開，但你一定要有這種代表專業的社群媒體連結，並偶爾上去發表一些內容。

測驗 9

1. 何種技術正在快速取代 LUT 的地位？
2. 是非題：LUT 之所以流行是因為它們需要大量的處理器能力？
3. 我們可以使用文字編輯器來閱讀 LUT 的內容嗎？
4. 頂級調色師的作品集裡是否會有「調色前、調色後」的比較作品？
5. 你的作品網站是否美觀，會對接案有影響嗎？

練習 8

為自己建立一個「創意藝術家」的網站（如果你想追求的是調色工作，請建立一個調色師的作品網站），來炫耀你的作品。接著要求五位朋友幫你看看，跟他們坐在一起觀看網站，仔細看他們點擊哪些吸引他們的內容，他們會在作品上停留多久，並請他們提出問題。

技術

10

現場工作流程、調色台、現場工作人員以及線上確認

現場工作流程

本書大部分內容都在討論調色，這是後製過程中的最後一步。希望到目前為止，你已經看到了使用這些工具來完成影像的真正能力，並且也對整個電影製作過程中如何進行調色的工作，有了全盤了解，而這一切都是從「現場」工作流程開始。

DIT（digital imaging technician、數位成像師）是負責現場執行攝影師構想，最早對影像進行審核的技術人員。這個任務非常重要，因為影視製作現場是做出許多關鍵決策的地方，也是聚集許多影片相關利益者的地方，因此這裡也是讓你對自己的創意決策，提供絕佳的「說服」機會之處。

在大多數剪輯過程中，通常只有剪輯師和另外一兩個人待在剪輯室裡，努力編織整個故事。如果是在拍攝現場，你將會面對製片、電影攝影師，偶爾也會有剪輯人員，並且通常會遇到出錢的客戶。如果你想在影片裡製作獨特的外觀風格時，先在現場進行調整，然後直接「Baking」（烘托）到拍攝的片段中，便有機會讓整個攝製團隊都在現場參與到這項外觀決策，因而習慣這種外觀風格。

講「Baking」這個術語來烘托某種影片外觀，其意義也像「烘焙」蛋糕一樣，一旦完成之後就無法還原。烘焙過後便無法以將其還原成雞蛋和麵粉，因此影片風格烘托之後，也就無法還原回原始影片。現場調整影片外觀時，通常不會將其「烘托」進原始攝影機檔案中（儘管有些電影攝製師，可能出於控制慾的原因而喜歡這樣做），而是將其放入「dailies」（每日工作樣片）所生成的低解析度檔案裡，這種檔案是在現場或靠近現場處，為剪輯用途而產生，可以讓每日影片的「原始狀態」保持不變。

這是非常重要的步驟，因為電影製作者經常傾向於習慣他們的 dailies 檔案，例如導演可能喜歡上「臨時調色」的內容。如果你疏忽了這點，儘管事前規劃周密，導演也可能像「墜入愛河」般的眷戀 dailies 檔案的外觀風格，最著名的例子便是電影《輕蔑》（*Contempt*）。這部電影以 Technicolor 拍攝，但他們的樣片卻處理成飽和度較低的「Eastmancolor」（伊士曼彩色）。由於這部片的攝影師並未參與為期數個月的剪接過程，因此在整部片剪輯完成時，導演尚・盧・高達（Jean-Luc Godard）決定將整部電影改成伊士曼彩色。該片攝影師哈武・庫塔（Raoul Coutard）為 Technicolor 風格挺身而出，爭取保留他們最初共同規劃的電影外觀，最後他贏了這場爭議。但並非每位攝影師都能像庫塔這樣，即時介入後製作業（或者說幸好有被導演邀請參與），而能保留原先規劃好的電影外觀風格。

《輕蔑》劇照、*Contempt* (1963)

《輕蔑》一片也是在光化學的年代裡，所遇到最戲劇性的調色決策之一，但這件事並非意外出現。在影片的長鏡頭開場過程中（一鏡到底），影片色彩急劇改變兩次，從濃重紅色到中性白色再變成藍色的調色變化裡，重現了法國國旗的紅色、白色和藍色。由於畫面保持一致，只有顏色發生變化，因此可以讓觀眾察覺電影被「製作」的意圖（《輕蔑》是一部關於拍攝電影的電影，影片開頭的工作人員介紹，以及片尾把攝影機鏡頭對準觀眾，都在強調這個事實），以及電影後製過程所用的技巧。這雖然是個很長的鏡頭，通常用來讓電影產生真實感，但卻讓後製操作可以被察覺，因而導引了觀眾參與電影敘事的能力。對色彩處理能力以及其他各種調色可能性的了解，讓這些勇敢的電影製作人做出了極具創意的決策，如果不了解調色的執行力以及色彩衝擊的影響，便很難想出這種創意。

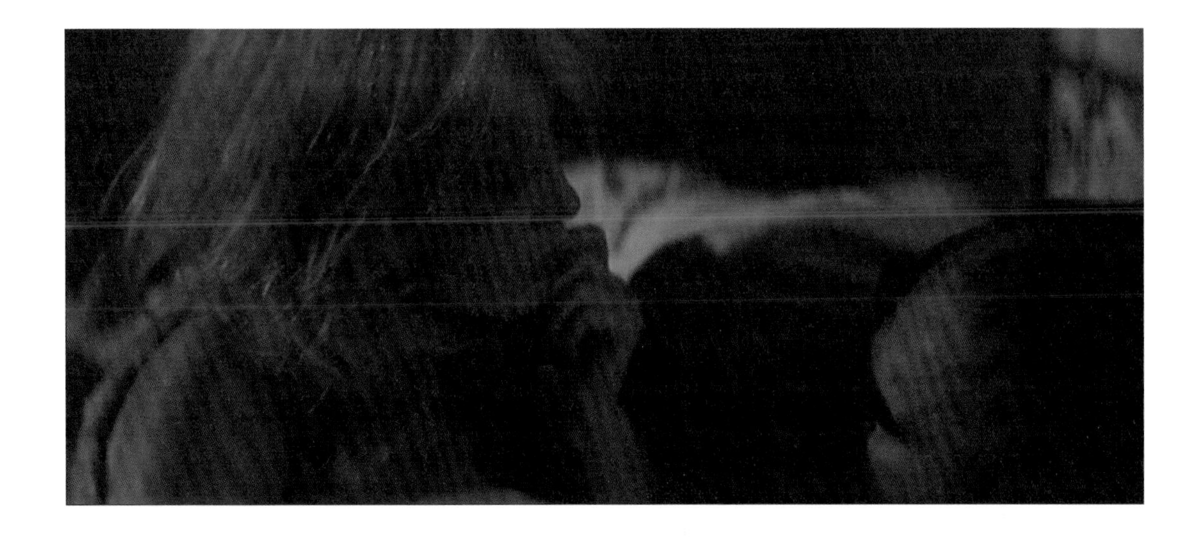

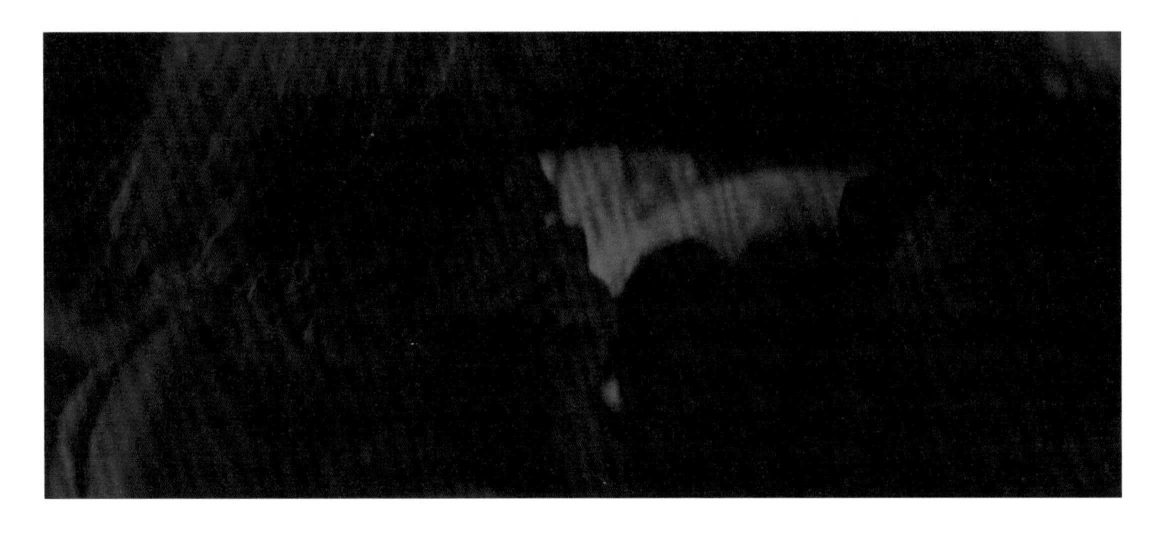

DIT 進駐現場的另一個重要原因，便是要確保做出能夠準確反映「最終外觀」的初步決策。舉例來說，如果你規劃了一個對比很強，有濃郁的黑色和過高的亮部調色，可能就要在現場分別以不同的方式照明，因為你已經知道某些區域會因過曝而丟失畫面訊息。例如你可能不必擔心窗戶外面的訊息，因為已經知道它會被過曝成白色。而如果你想要獲得較平緩、低飽和度、低對比度的影像，可能就要在意窗戶外面的東西。如果因此而看到劇情裡不該有的高樓（特定時代背景或不同地點時），就可以在現場要求佈景人員用窗簾遮住窗戶。在下面的範例照片裡（這是在前面寬容度的章節裡討論過，大家應該很熟悉裡面所套用的外觀「調色」），將窗口的部分過曝掉了。由於窗外是現在已經完工的世貿中心一號大樓，如果這是一部背景設定在 2013 年之前的電影，你便需確定是否要讓觀眾看到窗外的細節。

有人可能會想：「為了安全起見，難道不能都把窗戶遮起來嗎？」也許可以，但是拍攝現場的時間很寶貴。如果你正在現場調色，而且可以直接在顯示器上看到畫面，看得到自己很喜歡的暈光把窗戶過曝的相當漂亮，而且看不到窗外的高樓時，那麼通常就不值得花時間等待美術部門為這些窗戶做上裝飾（尤其在遇到類似參考例圖中的整面大窗時）。你在電影拍攝現場所做的每個決定，都需考量到時間和預算等各種因素。叫某個工作人員修正色彩，或讓人預覽影片的最終外觀，便是在盡可能以最多訊息做出最佳決策的重要方法。如果在後製調色階段才了解你在設定燈光或調整佈景上所浪費的時間，花在瞬間即逝的景物上，那真的會非常令人沮喪。

現場調色的另一個好處是可以維持住大家的「期望值」。因為你是現場的色彩和影像處理專家，可以在現場看一眼就輕鬆説著：「哦，我可以在那個角落圈一塊範圍來調整膚色，整個畫面會很不錯，真是太棒了！」這些共同工作的人不可能都那麼精明，製片、客戶、經紀人，甚至有些導演，對於拍攝片段最終會變成什麼樣，可能也沒有很好的視覺想像能力。因此，有時為何值得在拍攝現場擁有 DIT 人員，可能只是為了讓你的團隊立即擁有令人讚嘆的畫面效果，以維持自己作為熟練影像製作者的聲譽。

DIT 的工作有許多形式，但通常包括建立 dailies 樣片，並套用一些燈光修正，以及為客戶和導演在顯示器上提供「現場」、「即時」的影像調色。Pomfort 是 DIT 用於執行這些工作所需軟體的行業領導者，而 Resolve 和 Shotput 也是很有用的工具。

調色台

無論是現場調色或在後製調色間裡，通常都可以看到由 Blackmagic 或 Tangent Devices 等公司生產的「調色台」（color panel）。這些調色台可以即時直接控制諸如 lift、gamma 和 gain 之類的選項。我們在硬體和基本一級二級調色章節裡，都曾看過調色台的照片。這些調色台是相當出色的工具，因為它們能夠「即時」掌控多種色彩元素。

最好的範例是在平衡影像的 lift、gamma 和 gain 的時候，通常是對應到軌跡球周圍的「環」或上方的旋鈕，然後用軌跡球本身進行顏色平衡。如果要套用溫暖的亮部、冷調的陰影、提高中間調和調降陰影的話，都可逐一調整，並用滑鼠來切換各種操作。

不過，這些操作裡的每個步驟，看起來都不會像是「正確」的調色。或許剛開始看起來會太熱（對亮部增加暖調之後），陰影裡出現藍色（在陰影變藍但尚未將其抹順之前），拉高 gamma 後畫面太亮，然後再按一下來修正。如果使用調色台的話，你可以（需要一點技巧）一邊用拇指操作色環，再用其他手指移動軌跡球來一次完成這四項操作，而且熟練之後還可以更快將動作一起完成，讓客戶永遠看不到「錯誤」；只會看到「正確」的調色。

如此不僅可以加快你的工作速度，而且對於與客戶之間的良好關係也很重要。因為如果只用滑鼠進行工作，在剛開始修正並遇上鷹眼級的客戶時，直接脫口迸出「錯了，不是這樣」的情況並不少見，你還必須費心對客戶解釋，這只是整個調色過程裡的第一個步驟而已。如果你可以同時處理這些選項，就更能維持與客戶之間的工作對話延續，並且獲得信任。

雖然調色台以前非常昂貴，例如 Blackmagic 到現在仍然有 30,000 美元的調色台，不過現在已經有大約 300 美元左右的調色台，以及價格在 1,000 ～ 2,000 美元之間的進階調色台。如果你真的打算在這個行業立足，便應考慮投資調色台。在拍攝現場也常出現小型調色台，方便進行即時調色。

「線上」與「相符」

在電腦上進行影片後製作業開始時，發現檔案太大，電腦無法處理時該怎麼辦？工程師們開發了一種巧妙的解決方案：先建立比原始檔案解析度更低的檔案，然後在後製過程結束時，才重新連結回完整解析度的素材（一般會在價格更昂貴的租賃電腦上使用，再以最高解析度處理素材）。這些就是「dailies」低檔樣片，通常會由 DIT 人員現場先稍微調色後再生成該檔案。

一般會把這種檔案命名為「離線」和「線上」（offline 與 online）。「離線」代表不使用高解析度原始檔案，「線上」則表示你已將完整的高解析度檔案置入系統中。在 1980 年代時，這種說法可能完全不會令人感到困惑，但當 1990 年代網路降臨時，「線上」和「離線」變成為了用在不同事物上的專用術語。舉例來說（一般在跟製片或導演合作時經常遇到），當你聽到客戶說「我們需要線上檔案」時，你可能會認為客戶的意思是建立一個網路用的「低解析度」版本。然而在後製工作中，「線上」意味著將「最高」解析度和位元率的原始檔案版本，置入你正在使用的電腦中。

請習慣使用各種不同的術語，以確保客戶始終了解你的意思，並且要提出很多問題，以確保你完全了解他們所想要的。舉例來說，他們要求你「線上」進行操作，意思可能是「讓我的影片在 YouTube 上看起來好看一點」，而非「請把我的全解析度檔案放到電腦中使用。」如同本書一再提到，不斷對話和清楚了解都是調色的重要關鍵。

你偶爾會聽到的關於「離線」的其他術語是「代理」（proxy）。這雖然是個好術語，不過蘋果公司以其過人的智慧，竟然把 ProRes 的一種選項稱為「代理」（proxy），所以這也可能引起混淆。舉例來說，如果客戶使用 Avid 進行剪輯，他們的「代理」檔案可能是 DNxHD 36，但當你問他們「你剛剛剪輯的是什麼檔案」，然後他們回答「代理」時，你就要問清楚，到底是 ProRes 代理或 DNxHD 低位元率檔案？

儘管電腦的處理速度越來越快，但我們的影片檔案也越來越大。雖然連我們的手機都可以輕鬆處理在 90 年代掙扎奮鬥過的 HD 數位影片，但現在的攝影機幾乎都能拍攝 6K 和 8K 格式的影片，這些格式因為檔案太大而無法在多數機器上輕鬆處理。因此術語和步驟命名的混亂狀況，可能沒辦法很快消失。

一般在拍攝的時候，攝製組會以較大的格式（RED Raw、Arri Raw 等）進行拍攝，然後建立方便剪輯的機內代理檔案（或在拍攝後的立即轉出這些代理檔案）。在剪輯完這些解析度較低的代理檔案後，便須重新連回原始檔案以獲取色彩等完整的效果。

注意：這種作法的例外情況，便是原始攝影機檔案的格式畫質「低於」代理格式的畫質時。舉例來説，如果在 5D Mark II 之類的攝影機以 H.264 格式拍攝，然後將檔案轉碼為 ProRes 4444 的「代理」（因為大部分電腦可以處理這種編碼格式）時。由於連結回 H.264 格式並不會增加任何原始畫素的優點，因此通常只需將檔案保留為「ProRes」狀態即可。

在理想情況下，「線上」步驟就是點擊一下按鈕，就像在 Premiere 中那樣，它就會自動將「代理」檔案與線上檔案重新連結。然而目前的作業環境裡，我們經常要在剪輯軟體（Avid、Premiere、FCP 7 或 X）和調色平台（Resolve、Baselight 等）之間，相互傳遞專案。而由於不同軟體處理影格、關鍵影格、插件、檔名和檔案連結的方式有所不同，因此切換到另一個程式（有時稱為「往返」）的過程，很少會是完美轉換的過程。所以每當你將一個程式的序列影片傳遞給下一個應用程式時，都要執行「相符」（conform）的步驟，以確保該專案在一個應用程式中，看起來會與其他應用程式完全相同。

以下是一整組簡單的步驟，用於對 Avid 或 Premiere 中的專案剪輯進行確認，並在 Resolve 中進行調色。就這個步驟過程而言，我們假設原始專案的影片片段拍攝的是 .r3d 格式，並使用離線代理檔案進行剪輯（.mov 用於 Premiere，.mxf 用於 Avid）。雖然現在的 RED 攝影機可以直接在攝影機中，以相符的檔案名稱自動生成這些代理檔案，然而在目前許多的工作流程裡，仍會把生成檔案的工作，交給 DIT 或助理剪輯師。這是為了簡化攝影機原始檔案的存檔流程（你需要兩到三份備份用的 .r3d 檔案，但又不希望有那麼多冗餘的離線檔案，因為會佔用額外的硬碟空間，不但很花錢，也需要更長的時間才能從攝影機上下載，佔用了相當寶貴的拍攝時間），以便讓某個人來評估和管理顏色，並將影片與聲音檔案進行同步。

1. 當你在剪輯中鎖定畫面影像，準備拿來作為調色參考用途時，請匯出專案（通常是 H.264），並將其標註為「TITLE Offline Reference」（離線參考用影像），觀看輸出結果以確保 100%正確。稍後你將使用此檔案來檢查影片的匹配性，並希望它能準確反映這部電影的意圖。如果你是剪輯師，你絕對不能靠配色師在離線參考檔案裡發現錯誤，因為沒人跟你一樣了解整個專案：如果一個影片片段離線一次就少了一到兩格畫面，或遺漏了重複影格，「轉換」的編輯人員可能覺得影片看起來很「正常」，但是作為「離線」編輯時，你就會發現這類錯誤，因此請再三確認你的離線參考畫面。

2. 檢查離線參考後，匯出 XML（從 Premiere）或 AAF（從 Avid）。
3. 確保在檔案結構中，已經將所有原始媒體（在本例中為 r3d 檔案）移至一個新檔案夾，讓它們跟你正在剪輯的代理檔案，儲存在不同檔案夾中。通常我們可以建立名為「raw」的新檔案夾。你可以在桌面搜尋副檔名為 r3d 的檔案，然後全選並搬移，把 XML 或 AAF 放入該 raw 檔案夾中。
4. 在 Resolve 執行「File > Import XML／AAF」（檔案 > 置入 XML／AAF），然後選擇剛剛建立的 XML 或 AAF。
5. 確認勾選「ignore file extensions when matching」（匹配時忽略檔案副檔名）註記框。這是用來告訴 Resolve「尋找影片時，不必在乎檔案是 mov、mxf 或 r3d 格式，只要檔案名稱匹配即可連結。」如此便可使 Resolve 重新連結到原始的 .r3d 檔案，而非 .mov 或 .mxf 檔案。
6. 如果跳出對話框詢問「it might not: Resolve by default searches the folder where the XML is for source media」（如果找不到：Resolve 預設會在 XML 所在檔案夾中搜索原始檔案），請將 Resolve 指定到包含所有原始檔案的 raw 檔案夾。
7. 如果出現「錯誤」訊息請截圖，雖然可能不會出現，但這在以後尋找遺失影片時會很有幫助。

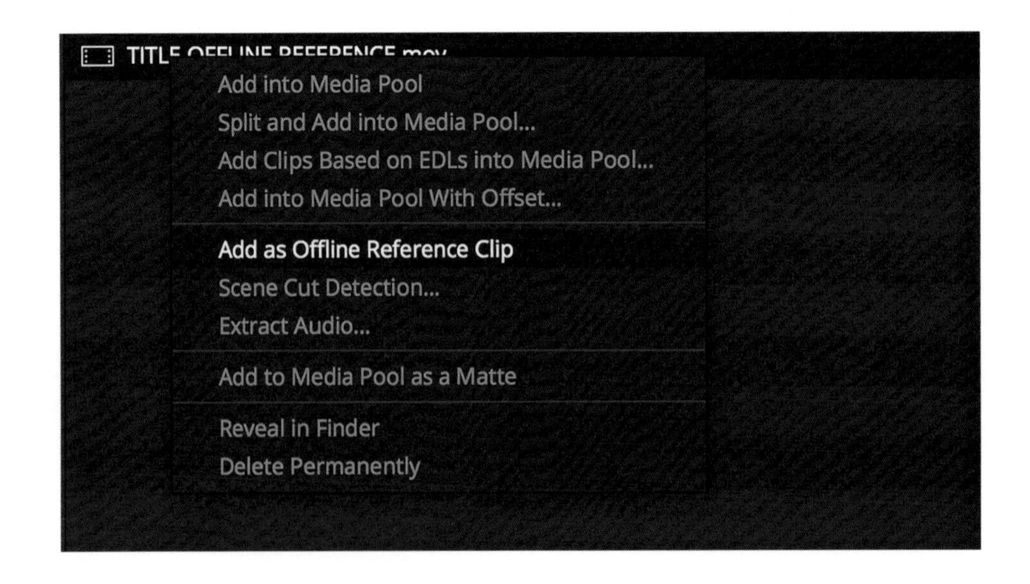

8. 在媒體池裡瀏覽至你所製作的離線參考剪輯檔案，按右鍵點擊，然後選擇「add as offline reference clip」（新增為離線參考短片）。Resolve 對參考剪輯檔案的處理方式，會與其他類型短片檔案有所不同，它將在上面帶有一個勾選標記符號，讓你知道這是不同類型的媒體檔案。

9. 請切換到剪輯頁面，選擇剛剛置入影片的時間軸，然後瀏覽至「timelines—link to offline reference」（時間軸一連結至離線參考檔案），接著選取剛剛置入的離線檔案。現在，你的時間軸便已連結到參考剪輯上。

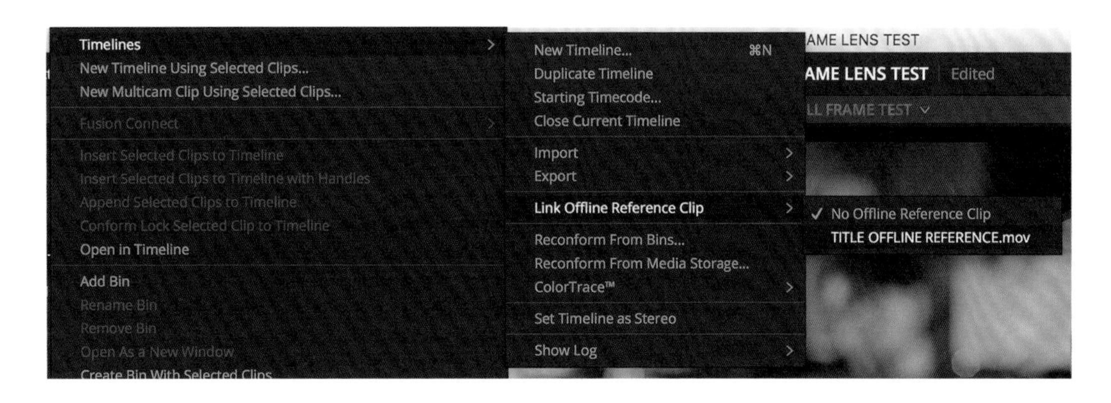

10. 在 Resolve 程式視窗雙視圖下，應該可以在右側窗格中看到時間軸，而在左側窗格中則顯示離線影片（從下拉選單裡點選有方格標記符號的選項）。如果看不到離線剪輯片段的話，可能是因為時間碼未匹配；你可以到離線剪輯的剪輯屬性中，剪輯時間軸的長短來匹配時間軸上的時間碼。

11. 一次檢查一個影片片段，並仔細檢查時間軸中的影片，是否能與你的離線參考相互匹配？你可以在時間軸窗格中按右鍵點擊，變更片段的比較方式設置：mix（混合）是很好的選擇，可以真正確保鏡頭 100%匹配。這通常會涉及到對影格、縮放和其他設置上的調整，如果遇到時間碼連結不佳的情況，則可能會移動一兩個影格。

12. 如果時間軸中的影片片段出現錯誤的話，可能就必須把它重新連結到媒體池中的新影片上。你可透過右鍵選單點擊該影片，並關閉「force conform」（強制相符）。接著在媒體池中選擇某部影片，然後按右鍵點擊時間軸中的影片，再從選單裡選擇「force conform with media pool clip」（強制符合媒體池影片）。通常關閉「force conform」後，影片上會出現一個橘色的錯誤訊息。按右鍵點擊該訊息，便會出現一個選取框，其中包含你可以重新連結的所有影片，透過比較這些離線短片，通常就可以選到正確的連結片段。

13. 如果時間軸上有影片遺失的話，請找到影片並將其置入媒體池。通常這時必須向原剪輯師發送電子郵件，以獲取有關檔案位置的訊息，有時他們還會一併寄給你其他忘記移交的影片連結。

14. 插件和字幕經常不會隨影片一起出現。如果必須回到 Avid 或 Premiere 軟體內（以便在其中複製和貼上字幕時），你可以直接在 Resolve 裡刪除或禁用此字幕。而當你要結束 Resolve 作業時，必須使用 Resolve 的字幕工具，根據離線剪輯來重新建立字幕。或者如果你喜歡 Premiere 中的字幕，便可將之進行「預渲染」（pre-render），不過一旦預渲染影片後，如果稍後發現字幕錯誤時，就無法進行編輯。

15. 其他選擇：如果你正在處理許多媒體檔案，舉例來說，拍攝了 2TB 檔案或三分鐘的 RED raw 原始影像專案時。只要有時間的話，就該做一下「媒體管理」的動作，也就是將這些媒體檔案拷貝到新檔案夾中，而且這個檔案夾只用來放置這些媒體檔案，不做其他用途。Resolve 可以剪輯 .r3d 檔案，所以如果最終剪輯裡有兩秒鐘鏡頭來自 10 分鐘的 .r3d 檔案，Resolve 只會複製使用到的兩秒鐘（選取時才進行處理）。當你在較慢的電腦上處理專案時，這項功能便相當有用。而且對於將原始媒體檔案放到 SSD 時特別有用，因為從 SSD 讀取的播放速度，會比從較慢的外接硬碟讀取來得更快。如果你進行媒體管理，然後重新連結到新檔案時，當然要仔細檢查重新連結是否有效，不過這應該是很穩定的處理過程，無須太擔心，而且它可以帶來相當多的好處。

16. 然後你就可以正常進行調色了，如果最後還需要回到 Premiere 或 Avid 時，兩者均有傳送檔案的預設設定來簡化過程。當然我們應該仔細檢查返回軟體的步驟，不過此處的錯誤通常很少，過程也很快。

混淆點

RAW：通常是指未經處理的原始數據檔案，在後製時仍可調整某些攝影機設置（如 ISO、白平衡等），因此有些人會把「RAW 檔」誤認為是「攝影機原始檔案」，但事實上那些檔案並不是「RAW」檔，而只是「攝影機中的檔案」。也因為這個原因，後製專業人員會在「RAW」檔和「攝影機原始」檔案之間進行區分，但是如果拍攝格式是 H.264 或類似版本時，便無須連結回「原始」檔案。

ONLINE：在過去的年代裡，「online」（線上）指的是「把高解析度檔案放入專案中，通常需要用到高階工作站級電腦來進行處理」，而現在客戶常會把它與「網路」版本混用，後者的解析度當然較低。

代理：代理（Proxy）通常指的是 ProRes、CineForm 或 DNx 格式這類畫質較低、檔案較小、容易處理的檔案，一般稱之為「離線」工作流程。

往返：往返（roundtrip）所指的是在程式之間來回傳遞序列影片的流程。通常這種流程並不是真的「往返」（舉例來說，主要剪輯為 Premiere，然後在 Resolve 完成所有後續作業），而是經常同時出現雙向來回的情況（在 Premiere 中進行剪輯，然後給 Resolve 進行調色，接著再交回給 Premiere 進行最後的字幕和不同版本處理），因此即使你只是往單一方向進行處理，也會被用上「往返」一詞。

交付、壓縮和格式規範

在調色後的「交付專案」是個很大的主題，無法在本書範圍內完全涵蓋到，我們可以討論一些重要的關鍵概念，讓你可以開始將專案交付到最終目的地，不論是網路、串流媒體、電視或劇院放映等。

最簡單的交付方式便是建立「ProRes Master」或「網路上傳」檔案。每個調色應用程式都可讓你渲染出高畫質的 ProRes，例如 HQ 或 444。這種檔案便能成為新的主檔案，讓你可用該檔案建立其他可交付的成果檔案。若你處理了字幕，且將 VFX 效果合併到調色應用程式中，也已把混音檔案加入音效時，應該就算已經完成整個專案作業了。

在處理「legal video」（合法數據級別影片）與 full video（完整數據級別影片）時，情況會變得有點複雜。「legal」影片使用一小部分可用空間來記錄圖片訊息。在 10 位元影片檔案中可用的 0–1023 數據範圍內，「legal」影片只使用 64–940 而已。

大部分軟體平台會在背景自動處理這個問題，而且可能在使用者並不了解其差異的情況下，進行了大量的處理工作。但如果你把一個設計給某一種數據級別的檔案，放入另一種數據級別內時，整個影片看起來可能就會不正確。舉例來說，Vimeo 在擷取 H.264 檔案時，便將其視為 legal 影片。如果你截取一個全範圍的影片檔案，則亮部和陰影（檔案中的 0–63 和 941–1023 範圍）資料都會被裁減或刪除掉。

雖然你應該不會經常處理到這個問題，但這種情況通常來自以應用程式把一種格式，變更為無法正確處理的另一種格式的情況。如果置入的格式是全範圍級別的檔案（例如 DPX 檔案序列影片，這在 VFX 特效工作流程相當常見），那麼像 Resolve 這類應用程式，便會識別出此種格式，然後在轉換至 H.264 時，正確進行渲染，不過許多其他應用程式並不會如此處理。

在大多數應用程式中，用於對各種軟體平台進行編碼的內建預設選項非常合適，但很多專業人士會為影片提高「位元率」（bitrate）。位元率是指軟體在壓縮檔案時，所分配的「每秒位元數」。位元率越低，壓縮率越高，最後便會有更多的影像失真。舉例來說，如果「最高」位元率是 20 Mbp／s，有些人便會將設定提高到 30 Mbp／s。如此便會建立較大的檔案，雖然這算是一個折衷方案，不過確實值得一試，以便查看是否可以改善影像畫質。

當你進入廣播電視級別的工作時，應該把自己視為整個團隊裡的一員。由於這個電視製作團隊應該都很清楚電視廣播和串流的傳送過程，因此會有更複雜的技術要求。一旦成為他們的調色師時，就應了解並閱讀工作要求裡的「檔案規格表」，這通常是由整個團隊網路所建立的檔案需求規定，裡面可能詳列如何精確的「交付檔案」。有些電視團隊的規格表相當周全，例如 Netflix 的規格表網站不僅規定詳盡、內容豐富，有時甚至還具有教育意義，因此值得在整個行業範圍內廣為學習。由於 Netflix 本身積極推廣新的格式與技術，因此需要相當詳盡的規範。

許多傳統媒體公司的規格表已經過時，其要求檔案格式和交付規範也已過時。因此請確保和共同工作的團隊一起閱讀這些規格表，以確認所有檔案交付決策，讓你可以在他們所要求的技術規格範圍內進行作業。

雖然我們會盡量避免對各種平台進行個別「調整」，因為它們的要求並不一致，不過你也應該考慮使用的目前越來越常見的「標準」格式。舉例來說，如果要處理 3D 專案，通常會 3D 輸出一次，2D 再輸出一次，因為 3D 投影通常會比較暗，要藉由調色來彌補。在面對較小的製作時，通常就是要考慮輸出時套用 LUT 或轉換。而對於較大的製作專案時，他們通常會建立新的時間軸，並對每個輸出重新調色，這當然是正確的作法，不過隨著劇院形式的增加，其成本可能也會非常昂貴。

在目前的工作流程中，最常遇到的便是 HDR（即「高動態範圍」）專案的交付變得日漸重要。在傳統上，影片專案的交付目標通常是相對「較暗」的電視，舉例來說，它的亮度足以在你的客廳觀賞，但不足以用在戶外觀賞。不過，隨著電視在過去幾年裡變得越來越亮，在黑白之間可以提供更多影像訊息的 HDR 格式，已經逐漸成為市場主流，而且現在也已經在許多電視和線上串流媒體平台上，得到全面的支援。儘管有一些「自動化」的技術，可以讓調色師在 HDR 環境中工作，並可自動建立 SDR 母片，但這些方案都還不算完美，因此仍需要我們分別評估 HDR 和 SDR 流程，以確保它們都能正確地將規劃的影像訊息傳達給觀眾。

藝術

10

建立事業

除了建立作品集之外，許多調色師還希望藉此建立事業。無論開家招牌上掛著「調色後製」的公司，或為自己和一群夥伴建立調色工作室，或純粹以自由接案維生，每個電影製作者都應該具備一些基本的業務技巧，並仔細考量調色工作所需的特定注意事項。

首先也最重要的，便是要了解調色是一門非常以「客戶」為中心的業務。雖然一家小規模創業的後製公司，不一定需要每天早上備妥早餐來等待客戶，但從傳統上來看，調色業務一直是非常「white glove」（白手套、指高級服務之意）的行業，客戶已經非常習慣在後製公司召開的咖啡和午餐會議間走訪。面對規模較小的客戶時，可能不必擺出這些場面，因為你自己的能力級別相對較高，不過如果你的公司有辦公室的話，許多客戶很可能就會期待在他們到達時，已經有午餐在那兒等著他們。

最重要的是，由於調色作業非常短暫（從一天到最多幾週的時間），因此這是一項需要建立「重複客戶」的業務。這也就是為何音樂影片和商業廣告領域，會比獨立電影領域有更多競爭的緣故。獨立電影導演如果運氣不錯的話，每年可能會拍到一部電影，但事實上大約每隔兩到四年才會拍到一部電影。就算他們喜歡你的調色，要等客戶回來也需要一段很長的時間。因此，在這個領域工作需要透過一些「熱門」專案來吸引其他導演，並透過口耳相傳和與攝影師的良好關係來開疆闢土，希望他們可以每年拍攝一到三個專案，並一次又一次的回來找你。

忙碌的廣告或音樂影片導演，每個月可能同時進行兩到三個專案，這些專案至少都需要一天的時間進行調色。一旦在這個領域建立牢固的關係，便可以很快的填補你的業務，不過從另一個角度來看，這個領域的工作競爭也非常激烈。

因此有一項相當重要的工作要做，也就是必須對每個潛在客戶進行背景研究，盡量多觀看他們放在網站上的作品。這點相當重要，不僅可以藉此了解他們的品味和背景，而且在必要的時候，也能對他們的作品侃侃而談。

還有一點也很重要，調色工作仍會牽涉到一些老派的交流方式。例如參加客戶舉辦的晚宴，或在客戶放假的時候，一起租摩托車到郊外騎乘，還有各種一般認為涉及社交客戶交流而必須參加的工作等，都有助於建立固定客戶。你當然不必參加所有活動，但是當我受電影攝影師的邀請，一起參加我原先不會的運動如高爾夫球時，可以想見如果不去的話，肯定會錯過接案的好機會。社交並非強制性的活動，但是電影業確實會提供許多參加籃球比賽、晚餐和首映的機會，可以的話最好都答應參加。

更重要的是，請盡量參加每場首映會或作品放映會。雖然後製團隊裡有很多人都沒被邀請參加首映（這點真的很糟糕），但身為作業流程鏈裡的最後把關者，如果跟團隊關係良好的話，就算是全面上映或電影節首映，都有可能受到邀請，你也應該前去參加。因為第一點，你本來就應該去支持你的合作夥伴，其次是因為這類首映會裡，到處都是電影製作團隊、電影業界的朋友，以及那些可以看到你作品的其他相關行業。在他們欣賞你的技能同時，能有機會與他們聊天是相當珍貴的一件事。

「身為作業流程鏈裡的最後把關者」也會遇到一件令人相當驚訝的事，那就是許多客戶最後會把工作「整個」留給你。當他們買好拍攝用的硬碟後，會在拍完以後帶到整個後製流程裡來回往返，而由於某些原因，許多客戶連想都不想，就直接把這些硬碟通通留在調色間裡。因此每個調色間都需要對進出的所有客戶資產，進行某種類型的簽入和簽出流程。否則客戶可能都不知道自己把硬碟留在這裡，而當他們一年後想要回這些資產時，你已經不知搬到哪去了。

因此請以電子表格形式，進行簡單的媒體檢查流程。在每個硬碟貼上帶有數字的標籤貼紙，也是不錯的作法，但最好與客戶共享相同的媒體檢查規則，詳述你會保存該媒體多久時間，以及超過時間後你將如何處理。客戶經常會在幾年後才回來要求修改，並假設你還維持專案能夠「即時」處理的狀態，因此最好也要說明專案將在系統中保持可用的狀態多久，以及將其恢復為「即時」所需的處理費用。如此不僅可以協助你與客戶建立關係，還可以協助管理媒體進出調色間的情況。

任何媒體處理流程的關鍵要素之一，便是要求客戶不要給你這些媒體檔案的「唯一拷貝」。這點絕對必要，因為這樣你才不必對其資料完整性負責。例如當硬碟故障時，如果只有這一份原始資料的話，客戶一定會把責任怪到你頭上。而如果硬碟故障，但他們還有其他地點的備份資料時，工作便能繼續進行，只會有一點拖延而已。因此請絕對堅持你拿到的不會唯一的媒體拷貝。一個優良的客戶，應該擁有所有原始攝影機資料媒體的兩到三份拷貝。

許多後製作專業人士著手進行的第一件事，就是建立「共享媒體」的基礎架構。隨著 10 Gb 銅纜變得越來越普遍且便宜，通常會用銅纜以太網路或光纖網路的方式來建立基礎架構。設置完善的網路，可以允許多位用戶同時對相同媒體進行作業。雖然這點對於調色作業來說，似乎沒那麼重要，但是當多位製片、助理和剪輯師可以同時製作影集或作品時，就會覺得相當方便。在下面的例圖中，我們可以看到剪輯師在現場作業時，使用了可攜式共享儲存設備。

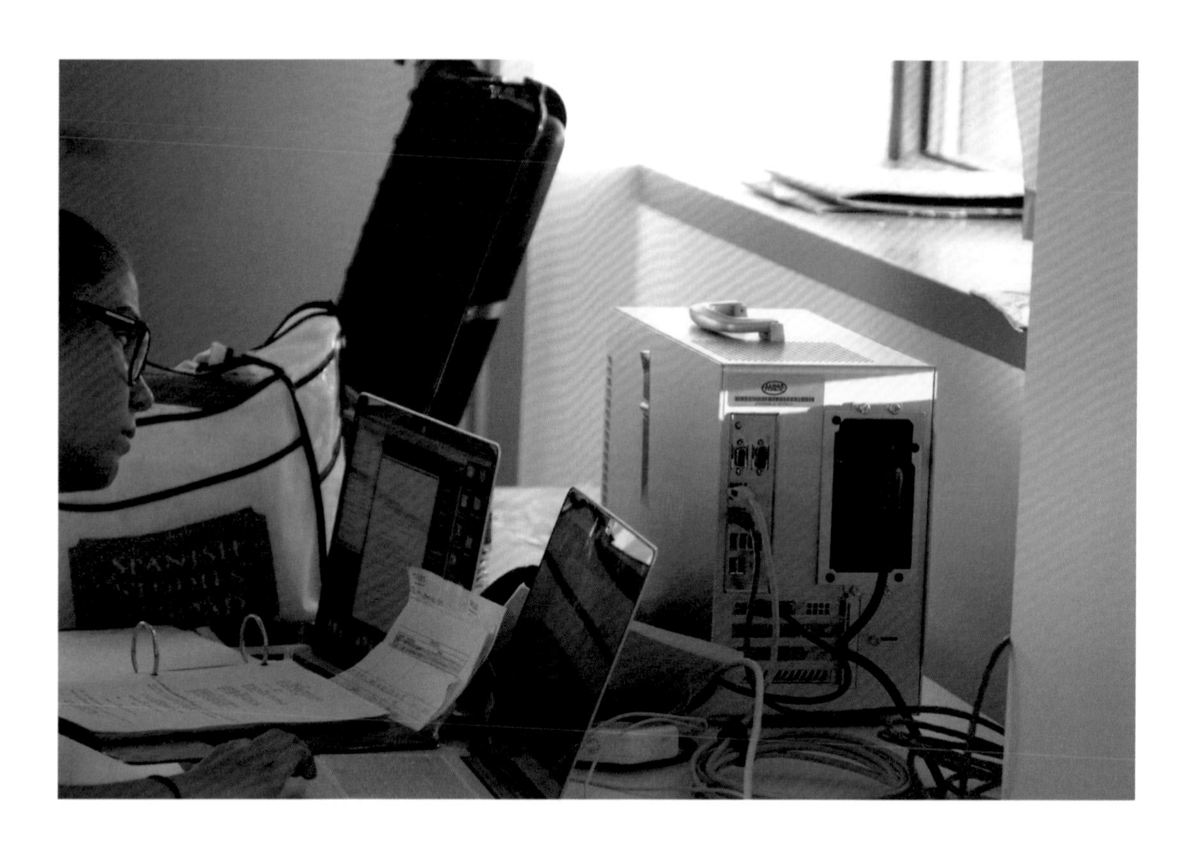

透過管理設置良好的共享網路環境，便可讓主調色師和助理調色師同時進行工作。主調色師在會議室裡與客戶坐在一起，專注於重大的創意決策，而在隔壁的調色間裡，助理調色師負責建立去背形狀，對影片進行優化，確認特效部門送來的新影片，並對剪接部門送來的影片進行調整。

這種作法的關鍵是「良好的管理」。任何共享的網路環境，都可能迅速出現「單點故障」（single point of failure，因單點故障而造成整體故障的情況）的情況，因此許多小型後製公司都努力完全避免這種狀況，許多公司也開始使用「跑腿網路」（sneaker-net、實體遞送硬碟的方式），這種作法涉及到類似穿著「運動鞋」（sneaker）穿梭在各個房間實體移動硬碟的作法。儘管這樣一次只能有一個人在一組硬碟上進行作業，但仍然是一種可靠的工作方式。因為共享網路經常會遇到出現問題時，需要工程人員修復伺服器，而讓整個作業設施和許多忙碌的美術人員，不得暫時地停下工作。當某個硬碟故障時，正在工作的後製人員便需暫停，只能等待來自客戶端（安全的遠端備份）的備份硬碟送過來。

目前也有一些新的解決方案，例如 LumaForge 的 Jellyfish 伺服器，它們透過更健全且對用戶更友善的方式來共享工作內容，解決了某些共享的問題。因此「沒有共享儲存裝置的獨立後製公司」和「本身具有共享伺服器的大公司」之間的界限，將逐漸消失，因為越來越多小公司也可以藉此獲得內部的媒體伺服器。不過當你剛進入這一行時，在投資使用共享媒體網路伺服器之前，請安心使用「跑腿網路」，別怕會丟臉。

最重要的是儲存媒體的價格不斷下降，因此請盡可能等久一點再投資共享儲存設備，你便可以得到得最優惠的價格，這是一個不必急著投資的領域。

管理你的團隊

一個有效率的調色師如果經營自己的「調色間」，通常會是一個大約三至四位成員的團隊，即使是小型的後製公司規模也差不多如此。團隊裡通常會有一位「DI 生產者」（DI、數位影像生產者，亦即調色師之一）、一位「助理」調色師和一位「客戶服務」調色師，大家一起合作以確保客戶有良好的專案體驗。「DI 人員」將會在現場和客戶一起工作，以確保適當的前期規劃，並且建立和修改調色的評估內容，而且也可確保有適當的製作團隊人員，可以協助處理目前的工作。「助理」調色師會在前一天為專案預做準備，以便當主調色師隔天到調色間一坐下來，就可開始進行專案的作業，直接展開其創意工作。在調色作業期間，助手通常會在隔壁房間裡，負責整理第二天的專案工作，但也會隨時待命解決偶爾出現的技術問題。「客戶服務」則隨時聽候召喚，以確保客戶能得到適當的關注、食物和飲料等。在規模更小的公司裡，客戶服務可能是由「數位影像生產者」兼任，但如果他也要同時成為「我們來叫點午餐吧，你想吃什麼？」以及「你的要求太花時間了，可能要額外付我加班費」的人，情況就會變得很複雜。

這種團隊的領導者，有點介於數位影像生產者和調色師之間，不過大部分會比較偏向調色師，以他們為主來帶領調色團隊，並以希望的工作方式來培訓自己的工作人員。對於助理來說尤其如此，因為大多數調色助理都希望自己將來可以成為調色專家，因此你要自己決定允許他們可以有多長時間，坐下來觀看你的作業情況，以及要與助理分享多少創意決策，這些都是培訓助理「成長」的重要內容。

收費

長期以來，調色行業一直是 COD（Cash on Delivery、貨到付款）業務。你帶著已經調好色的媒體出現，客戶必須付你錢才能發布影片。而隨著調色已從獨立的業務，變成了規模更大的後製公司、製作公司、代理機構乃至在品牌本身辦公室裡的一部分，也讓這種收費的關係逐漸產生變化。

當你向個人付款時，法律上要求你每週或每兩週付款一次，但公司相互付款期則允許更長的時間，這在北美稱為 Net30，也就是 30 天。當你以調色師做為業界的自由接案者時，幾乎都會被視為獨立承包商（在美國，這便意味著你是「1099」員工，而非「W-2」員工，也就代表他們不會幫你預扣稅金或支付社會保險費）。

這一切是否合法還有點模棱兩可。1099 和 W-2 之間的區別有很多因素，但是重要原則便是客戶是否「規定」何時何地要完成工作。如果客戶以數位方式，向你傳送檔案以進行顏色修正，你也可以隨時隨地進行處理，那麼 1099 可能是合適的。而如果客戶要求你在某個時間在某個地點（例如在他們公司），並要求你停留一定時數的話，那麼他們便應透過工資、扣稅和支付社會保險費的方式付款給你。不過電影行業中的許多人都無法如此，並不是說我們原諒這種做法。我們認為每種行業的生產，都應該在其經營所在的勞動法範圍內行事，除了最低限度的法律服務以外，公司也應該尊重自由接案者。雖然法律有明文規定，但許多公司還是將調色師視為承包者，即使一般認為不合法，但他們還是以 1099 員工的方式來支付酬勞。

1099 的缺點很多。你必須擔心自己繳稅的事（通常每季繳納一次）。唯一的好處是你的硬體、調色台、調色顯示器和共享伺服器，都可能用來抵銷 1099 的收入，這點請跟你的會計師確認。而 1099 收入的最大缺點，便是通常要等到工作發生之後幾個月才拿到錢，亦即收入往往會非常緩慢。

一旦開始從事調色師工作之後，這點會比其他事情都更讓人苦惱。你今天收到的支票是六個月前所做的工作，因此事實上就是，接下來六個月內所做的工作，可能都不會立刻拿到錢。但當你剛開始從事此行時，六個月的延遲付款可能會非常痛苦。沒錯，從法律上來說，他們應該在 30 個工作日內付錢，不過這筆錢通常不會立即進帳，我們對此也無能為力。

只要客戶與你保持聯繫，肯回你電話，並表達出真誠努力的話，即使他們付款緩慢，通常也值得保留這種客戶。而如果不理會你的電子郵件，不接你的電話，也不就付款時間進行溝通，那麼較明智的的作法便是跳過這種客戶的案子不接。當你懷疑錢根本不會進帳的話，通常根據你所在地點，會有勞資委員會或其他官方系統，可以協助你取回適當的報酬。不幸的是，這些報酬所涉及的金錢數額通常太小，並不值得進行訴訟，但如果數目很大的話，找律師進行磋商也可能值得。

當然付款快速的客戶，理應得到一些回報。我在發票上印有「在 10 個工作日內付款，即可享受 2%的折扣」，寫法是「2/10 Net30」。事實上，真的曾經有過一位客戶在期限內讓我幫他打折了。

Total:

Amount Due (USD):

Notes

2/10 Net 30
PayPal.Me/CharlesHaine

成立公司

許多調色師會在職業生涯裡的某個時刻，創辦一家公司。這點通常需要與了解你所在行業的律師和會計師，一起討論要建立的適當公司規模。不過自己開公司的好處通常是值得的，因為你可以在成立之後建立單獨的銀行帳戶，如此可使會計工作更加輕鬆快速，而且有時也會帶來稅賦上的優惠。

盡情享受

最後一點，調色應該是整個後製流程裡令人愉悅的部分，就像是讓整個專案「重生」的時刻。在整個團隊經過幾週、幾個月甚至幾年的拍攝剪輯工作後，能夠在精疲力盡之際，坐在一個環境不錯的空間中，對自己的影片進行精雕細琢的工作，確實令人興奮。那些原先對電影專案所感到的沮喪，或某些不喜歡的特定片段，都可能因為你的創意貢獻，有了新的視角，這點當然相當具有樂趣。

儘管你無法預測到每種客戶關係的發展情形，但確實沒理由繼續與讓你痛苦或對你不利的客戶，保持任何合作的可能性。電影這個行業規模很大，而且每天都在成長。如果你所服務的對象讓你感到不舒服或對你不敬，大可在以後跳過他們的案子不接。

如果從一開始就進行適當的調色規劃，並且以熟練技能執行調色的話，它便可說是電影製作過程中，最具創造力和最令人愉悅的一項工作。希望你充分了解自己所具備的技巧，可以自己執行業務，或與願意一起打拼的人充分合作。

測驗 10

1. DIT 指的是什麼？
2. 《輕蔑》（*Contempt*）一片用了何種色彩技術？

3. 在現場觀看最後調色的預覽畫面或外觀，是否有用？
4. 說出經常與調色師密切合作的團隊成員。
5. 調色應該是有趣的一件事嗎？

練習 9

到外面去找某人合作。找個你認識的人，手上有想要調色的專案。無論這個專案時間長短，性質是商業廣告、音樂影片或實驗電影都可以。這種作法跟替自己的影片動手調色一樣，必須經過相當多的練習，所以請與對專案充滿熱情的人一起合作，並嘗試圖協助他們實現願景。也就等於是把難度提高，建立一個具有挑戰性的學習環境。

結論

調色是過去幾十年來，電影界變化最大的領域之一。然而，電影製作者們從儲存媒體開始，就一直嘗試著操縱自己拍攝的影像，而今天我們所使用的許多工具都被浪費掉了，因為沒有透過適當的規劃和協調，來實現專案的整體目標。

重要的是，「調色」可能成為電影製作過程中，最有意義也令人愉悅的工作。從我的職業生涯來看，我一次又一次的在調色間裡陪著客戶，讓他很高興的看到自己製作的影像，看起來終於是「正確」的，就像畫面上的污垢被抹除了一樣。事實上，這也是他們第一次能看到自己的電影，最後會變成什麼模樣。

無論你是打算在調色領域找工作，或是為了讓自己成為更好的客戶和合作夥伴而閱讀本書，我都希望你現在能對調色過程的強大功能，以及可使用的各項調色工具，有了更全面的了解，以便實現你的藝術願景。

隨著 HDR 等新技術的出現，Stereo3D 和 VR 的技術也持續承諾「即將到來」接管世界，加上無數新的媒體平台和發行管道等，都讓調色和其他後製技術會在未來幾十年內發生比目前所擁有的更多變化。但是我們希望你可以從現在開始就養成一種習慣，亦即持續的將這些新技術整合到自己的調色工具箱中，預先建立好框架，讓這些工具融入動態影像的整個流程裡，以便讓它們說出更精彩的故事。

練習素材檔下載

進入下載網址：http://www.routledge.com/9780367140052，點擊左下方「Support Material」選項，進入頁面後，點擊「Color Grading Footage (ZIP 16.3GB)」下載即可。若遇網站調整而連結失敗時，請至 http://www.routledge.com 網站搜尋 Color Grading 101，在搜尋結果中點擊本書圖像，即可連結到本書網頁。

第一次學影片調色調光就上手

作　　者：Charles Haine
譯　　者：吳國慶
企劃編輯：莊吳行世
文字編輯：江雅鈴
設計裝幀：張寶莉
發 行 人：廖文良

發 行 所：碁峰資訊股份有限公司
地　　址：台北市南港區三重路 66 號 7 樓之 6
電　　話：(02)2788-2408
傳　　真：(02)8192-4433
網　　站：www.gotop.com.tw
書　　號：ACV041000
版　　次：2020 年 09 月初版
建議售價：NT$620

國家圖書館出版品預行編目資料

第一次學影片調色調光就上手 / Charles Haine 原著；吳國慶譯.
-- 初版. -- 臺北市：碁峰資訊, 2020.09
面；　公分
譯自：Color grading 101: getting started color grading for editors, cinematographers, directors, and aspiring colorists
ISBN 978-986-502-590-8(平裝)
1.數位影像處理　2.數位攝影
952.6　　109011370

讀者服務

- 感謝您購買碁峰圖書，如果您對本書的內容或表達上有不清楚的地方或其他建議，請至碁峰網站：「聯絡我們」\「圖書問題」留下您所購買之書籍及問題。（請註明購買書籍之書號及書名，以及問題頁數，以便能儘快為您處理）
http://www.gotop.com.tw

- 售後服務僅限書籍本身內容，若是軟、硬體問題，請您直接與軟體廠商聯絡。

- 若於購買書籍後發現有破損、缺頁、裝訂錯誤之問題，請直接將書寄回更換，並註明您的姓名、連絡電話及地址，將有專人與您連絡補寄商品。